高等职业教育土木建筑大类专业系列教材

网络综合布线系统工程

汪 全 编著

中国轻工业出版社

图书在版编目（CIP）数据

网络综合布线系统工程/汪全编著. --北京：中国
轻工业出版社，2024.9. --ISBN 978-7-5184-5065-7

Ⅰ.TP393.03

中国国家版本馆 CIP 数据核字第 2024KT1129 号

责任编辑：赵雅慧

策划编辑：陈　萍　　　责任终审：高惠京　　　　　　封面设计：锋尚设计
版式设计：致诚图文　　　责任校对：朱　慧　朱燕春　　责任监印：张　可

出版发行：中国轻工业出版社（北京鲁谷东街 5 号，邮编：100040）
印　　刷：北京博海升彩色印刷有限公司
经　　销：各地新华书店
版　　次：2024 年 9 月第 1 版第 1 次印刷
开　　本：787 ×1092　1 / 16　印张：8
字　　数：160 千字
书　　号：ISBN 978-7-5184-5065-7　定价：49.80 元
邮购电话：010-85119873
发行电话：010-85119832　010-85119912
网　　址：http：//www.chlip.com.cn
Email：club@ chlip.com.cn

前　言

　　综合布线系统被视为智能建筑的"中枢神经系统"。这一系统不仅负责建筑物内部的信息传输，还是连接各种智能设备、实现建筑智能化的关键基础设施。综合布线系统通过模块化的组合方式，将语音、数据、图像系统和部分控制系统用统一的传输介质进行综合，形成一套标准、灵活、开放的信息传输系统。一个优秀的综合布线系统不仅能够满足当前的通信和数据处理需求，还能够适应未来技术的发展和变化，为智能建筑的可持续发展提供有力保障。

　　随着职业教育的深入改革与发展，特别是"三教改革"的提出与实施，我国职业教育迎来了前所未有的发展机遇。为了适应这一行业发展趋势，并响应国家职业教育改革的号召，笔者编写了本教材。本教材以大学生熟悉的宿舍楼为载体，将课堂中难以操作的建筑模型通过 BIM 平台创建出来，在这个模型上将综合布线的各个子系统用 3D 模型直观地展现出来，使学生更好地掌握综合布线各个子系统的作用。结合国家标准和现场施工规范，通过虚实融合的模块化项目实践操作，让学生快速地积累实际项目经验。

　　本教材由东莞职业技术学院汪全编著。在编写过程中，笔者充分吸收了行业最新技术成果和职业教育的教学经验，力求使教材内容既具有前瞻性，又贴近实际教学需求。同时，笔者还特别注重教材的实用性和可操作性，通过大量的实例、案例分析和实训项目，帮助学生更好地理解和应用所学知识，提高其实践能力和解决问题的能力。

　　由于笔者水平有限，书中难免存在不足之处，恳请读者批评指正。

汪全

2024 年 5 月

目　录

项目一 综合布线系统概论

 学习目标

1. 通过学习本项目并参观实际的综合布线系统，熟悉综合布线系统的组成、综合布线的标准、综合布线系统所使用的传输介质及其特性和使用场合。

2. 了解综合布线系统所使用的器材，并能根据实际情况选择器材，为后续工作做好准备，打下基础。

任务一 认识综合布线系统

 学习任务

1. 认识综合布线系统。
2. 调查本校宿舍楼的网络综合布线系统，形成相关文档和表格。

知识链接

传统的布线，如电话、有线电视、计算机网络等都是由不同单位各自设计和安装，采用不同的线缆及终端插座，各个系统相互独立。由于各个系统的终端插座、终端插头、配线架等设备无法兼容，所以当设备需要移动或由于新技术的发展需要更换设备时，就必须重新布线。这不仅增加了资金的投入，还使得建筑物内的线缆杂乱无章，大大增加了管理和维护的难度。随着计算机技术的飞速发展以及人们对信息共享的需求日益增长，建筑物的服务功能也在不断增加，传统布线系统的局限性愈发凸显。因此，亟须一种能够适应信息时代需求的布线方案。综合布线系统正是为了满足这一需求而特别设计的。

20 世纪 80 年代末，美国朗讯科技（原 AT&T）公司贝尔实验室的科学家们经过多年的研究，率先推出了结构化布线系统（Structured Cabling System，SCS），其代表产品是建筑与建筑群综合布线系统（Premises Distribution System，PDS）。目前，通常所说的综合布线系统是指这种结构化布线系统。实际上，这种结构化布线系统有别于真正意义上的综合布线系统，它没有真正集成多种应用系统从而统一规划与管理，而仅限于对电话和计算机网络的布线。我国《综合布线系统工程设计规范》（GB 50311—2007）将这种结构化布线方式命名为综合布线系统（Generic Cabling System，GCS），该命名在《综合布线系统工程设计规范》（GB 50311—2016）中仍然适用。

一、综合布线系统

1. 综合布线系统的概念

所谓综合布线系统，就是一套用于建筑物内或建筑物群之间的、模块化的、灵活性极高的信息传输通道，是一个支持语音、图形、影像等各种信息传输的布线系统。它能够实现多产品的兼容及模块化更新、扩展和重组，既能满足用户对现代化系统的要求，又能节约维护成本。

2. 综合布线系统的特点

综合布线系统是现代化互联智能控制系统的重要组成部分，是互联网络的基础。它具有如下特点：

（1）兼容性

兼容性是指综合布线系统自身是完全独立的而与应用系统相对无关，可以适用于多种应用系统。

（2）开放性

开放性是指综合布线系统采用开放式体系结构，符合国际上多种现行标准，几乎对所有著名厂商的产品都是开放的。

（3）灵活性

综合布线系统采用标准的传输线缆和相关连接硬件进行模块化设计，所有的通道都是通用性的，组网也是灵活多样的。

（4）可靠性

综合布线系统采用高品质的材料和组合压接的方式构成一套高标准的信息传输通道，所有线缆和相关连接件均通过 ISO 认证。

（5）先进性

综合布线系统的所有布线均采用世界上最新通信标准，链路均按八芯双绞线配置。

（6）经济性

与传统的布线方式相比，综合布线系统既具有良好的初期投资特性，又具有很高的性价比。

二、智能建筑与综合布线系统

1. 智能建筑的概念

智能建筑是指利用系统集成的方法，将计算机技术、通信技术、图形显示技术和控制技术与建筑技术有机结合，通过对设备的自动监控、对信息资源的统一管理和对使用者的信息服务及其与建筑的优化组合，所形成的能够适应信息社会发展需要并具有安全、高效、节能、舒适、便利和灵活变换等特点的建筑。

2. 智能建筑与综合布线系统的关系

综合布线系统被视为智能建筑的"中枢神经系统"，是智能建筑的关键部分和基础设施之一。在建筑内，综合布线系统和其他设施一样，都是附属于建筑物的基础设施，为智能建筑的业主或用户服务。虽然综合布线系统和房屋建筑彼此结合，形成了不可分离的整体，但它们仍是不同类型和工程性质的建设项目。在规划、设计、施工以及使用的全过程中，综合布线系统和智能建筑之间的关系都是极为密切的，具体表现如下：

① 综合布线系统是衡量智能建筑智能化程度的重要标志。

② 综合布线系统使智能建筑充分发挥智能化效能，是智能建筑中必不可少的基础设施。综合布线系统将智能建筑内的通信、计算机以及各种设备、设施相互连接，形成完整配套的整体，以实现高度智能化的要求。

③ 综合布线系统能适应今后智能建筑和各种科学技术的发展需要。

三、综合布线系统的网络拓扑

在综合布线系统中，常用的网络拓扑结构包括星形、环形、总线形、树形和网状形，其中以星形网络拓扑结构使用最多。在综合布线系统中，采用哪种网络拓扑结构应根据工程范围、建设规模、用户需要、对外配合、设备配置等多种因素综合研究确定。

星形网络拓扑结构如图 1-1 和图 1-2 所示。

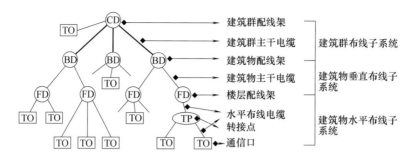

CD—建筑群配线设备；BD—建筑物配线设备；FD—楼层配线设备；TO—信息插座模块；TP—转接点。

图 1-1　星形网络拓扑结构（一）

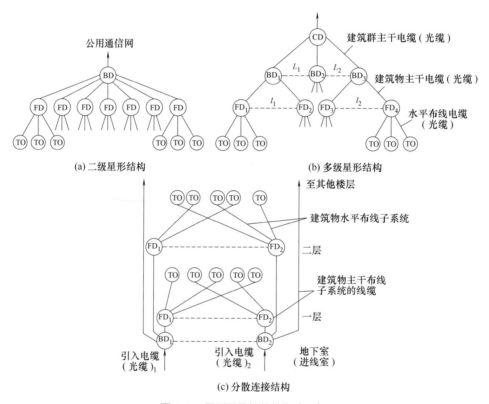

(a) 二级星形结构

(b) 多级星形结构

(c) 分散连接结构

图 1-2　星形网络拓扑结构（二）

 知识拓展

查阅最新的综合布线相关标准和规范。

任务二　综合布线系统的标准

学习任务

1. 熟悉综合布线相关国家标准，如《综合布线系统工程设计规范》（GB 50311—2016）、《综合布线系统工程验收规范》（GB/T 50312—2016）等。

2. 熟悉综合布线相关国际标准。

知识链接

综合布线系统已有几十年的历史，随着信息技术的发展，布线技术不断推陈出新，布线系统相关标准也得到了不断发展与完善。国际标准化组织（International Organization for Standardization，ISO）、国际电工委员会（International Electrotechnical Commission，IEC）、欧洲电工标准化委员会（European Committee for Electrotechnical Standardization，CEN-ELEC）和美国国家标准学会（American National Standards Institute，ANSI）均致力于制定更新的标准，以满足技术和市场的需求。我国也不甘落后，国家质量监督检验检疫总局（现为国家市场监督管理总局）和中华人民共和国住房和城乡建设部根据我国国情并力求与国际接轨，制定了一系列标准，规范并促进了我国综合布线技术的发展。

一、国际标准

1. 美国

综合布线标准最早起源于美国，其中美国电子工业协会（Electronic Industry Association，EIA）负责制定有关界面电气特性的标准，美国通信工业协会（Telecommunications Industry Association，TIA）负责制定通信配线及架构的标准。这些标准的设立旨在建立一种支持多供应商环境的通用电信布线系统，以便进行商业大楼的结构化布线系统的设计和安装，从而确立综合布线系统配置的性能和技术标准。

1991年，美国国家标准学会发布了《商业建筑线缆标准》（ANSI/TIA/EIA—568），经改进后于1995年正式将其修订为 ANSI/TIA/EIA—568.A。该标准规定了100Ω非屏蔽双绞线（UTP）、150Ω 屏蔽双绞线（STP）、50Ω 同轴线缆和 62.5μm/125μm 光纤的参数指标，并公布了相关技术公告文本（Technical System Bulletin，TSB），如 TSB—67、TSB—72、TSB—75、TSB—95 等。同时还附加了 UTP 信道在较差情况下布线系统的电气性能参数。之后，又发布了五个增补版 ANSI/TIA/EIA—568.A1 至 ANSI/TIA/EIA—568.A5。

2001 年，美国国家标准学会正式出台了 ANSI/TIA/EIA—568.B，以此取代 ANSI/TIA/EIA—568.A。该标准由 B1、B2、B3 三部分组成。第一部分 B1 是一般要求，着重于介绍水平和主干布线拓扑、距离、介质选择、工作区连接、开放办公布线、电信与设备间、安装方法以及现场测试等内容。它集合了 TSB—67、TSB—72、TSB—75、TSB—95，ANSI/TIA/EIA—568.A2、A3、A5，TIA/EIA/IS—729 等标准中的内容。第二部分 B2 是平衡双绞线布线系统，着重于介绍平衡双绞线电缆、跳线、连接硬件的电气和机械性能规范，以及部件可靠性测试规范，现场测试仪性能规范，实验室与现场测试仪比对方法等内容。它集合了 ANSI/TIA/EIA—568.A1 和部分 ANSI/TIA/EIA—568.A2、A3、A4、A5，TIA/EIA/IS—729 及 TSB—95 中的内容。它有一个增编版 ANSI/TIA/EIA—568.B2.1，是目前第一个关于六类布线系统的标准。第三部分 B3 是光纤布线部件标准，定义光纤布线系统的部件和传输性能指标，包括光缆、光纤跳线和连接硬件的电气与机械性能要求，器件可靠性测试规范，现场测试性能规范等。

2009 年，ANSI/TIA/EIA—568.B 标准被 ANSI/TIA—568.C 替代。

2. 国际

国际标准化组织/国际电工技术委员会于 1988 年开始，在美国国家标准协会制定的有关综合布线标准基础上修改，1995 年正式公布《信息技术——用户建筑物综合布线》（ISO/IEC 11801：1995），作为国际标准供各个国家使用。目前该标准有多个版本，如 ISO/IEC 11801：2014；ISO/IEC 11801：2017；ISO/IEC 11801：2018；ISO/IEC 11801：2019；ISO/IEC 11801：2020；ISO/IEC 11801：2021 等。

3. 欧洲

英国、法国、德国等于 1995 年联合制定了欧洲标准《信息技术——综合布线系统》（EN 50173：1995），供欧洲一些国家使用。目前该标准有多个版本，如 EN 50173：2009；EN 50173：2012；EN 50173：2018；EN 50173：2022 等。

二、国内标准

我国国家及行业综合布线标准的制定，使我国综合布线走上标准化轨道，促进了综合布线在我的应用和发展。在进行综合布线设计时，应根据用户投资金额、用户的安全性需求等多方面因素来选定具体的标准。按照相应的标准或规范设计综合布线系统，能够有效减少建设和维护费用。我国主要的综合布线标准如表1-1所示。

表1-1　　　　　　　　　　　　　我国主要的综合布线标准

发布单位	标准名称
中国工程建设标准化协会	《城市住宅建筑综合布线系统工程设计规范》（CECS 119：2000）
中华人民共和国信息产业部（现为中华人民共和国工业和信息化部）	《建筑与建筑群综合布线系统工程设计施工图集》（YD 5082—1999）
中华人民共和国工业和信息化部	《综合布线系统电气特性通用测试方法》（YD/T 1013—2013）
中华人民共和国住房和城乡建设部、国家质量监督检验检疫总局（现为国家市场监督管理总局）	《综合布线系统工程设计规范》（GB 50311—2016）
	《综合布线系统工程验收规范》（GB/T 50312—2016）

 知识拓展

综合布线系统的标准涉及多个层面，包括国际标准、国家标准、行业标准以及企业标准。这些标准共同构成了综合布线系统的设计、施工、测试和维护的规范体系。

国际标准：例如国际电联电信标准化部门（ITU-T）制定的 G.992.1（ADSL2）、G.992（ADSL）等，这些标准通常具有广泛的适用性和指导意义。

国家标准：各个国家会根据自身情况制定相应的国家标准，如我国的《综合布线系统工程验收规范》（GB/T 50312—2016）等，这些标准更具针对性和操作性，是国内综合布线工程的重要依据。

行业标准：特定行业或领域内的标准，这些标准通常针对行业特点进行制定，具有更强的专业性和实用性。

企业标准：大型企业或品牌也会制定自己的综合布线标准，这些标准主要服务于企业内部的生产和施工需求。

在日常工作和生活中，可以深入了解综合布线系统标准的具体内容和应用场景。例如，研究不同标准对传输介质、接口类型、布线方式、连接方式、测试方法等方面的规定和要求，以及它们在实际工程中的应用情况。同时，也可以关注综合布线系统的最新发展趋势和技术创新，以便及时了解和掌握最新的行业动态和标准更新情况。此外，还可以通过参加相关的培训课程、研讨会或交流活动，与行业内的专家和同行进行交流和学习，不断提升自己在综合布线领域的认知和技能水平。

任务三　综合布线系统的组成

📖 学习任务

1. 绘制综合布线的系统结构图。
2. 绘制综合布线的各个子系统。

📑 知识链接

综合布线系统采用模块化结构。

《建筑与建筑群综合布线系统工程设计规范》（GB/T 50311—2000）将综合布线系统划分为六个子系统，分别是工作区子系统，配线（水平）子系统，干线（垂直）子系统，设备间子系统，管理间子系统和建筑群子系统。

《综合布线系统工程设计规范》（GB 50311—2007）对上述六个子系统进行了重新划分，定义了工作区子系统、配线子系统、干线子系统、建筑群子系统、设备间子系统、进线间子系统、管理间子系统共七个子系统。该标准的配线子系统与《建筑与建筑群综合布线系统工程设计规范》（GB/T 50311—2000）的配线（水平）子系统对应，干线子系统与干线（垂直）子系统对应，新增了进线间子系统，并对管理间子系统进行了重新定义。旧标准对进线部分没有明确定义，随着智能大厦的大规模发展，建筑群之间的进线设施越来越多，各种进线的管理变得不可忽视，独立设置进线间子系统正体现了这一要求。

2016 年，《综合布线系统工程设计规范》（GB 50311—2016）将布线构成分为基本构成、子系统构成和引入部分构成，并对工作区子系统、配线子系统、管理间子系统、干线子系统、设备间子系统、建筑群子系统、进线间子系统进行了规定。目前，该规范作为现行标准，为综合布线系统工程的设计和实施提供了重要指导。

综合布线系统布线构成

1. 基本构成

综合布线系统基本构成如图 1-3 所示。配线子系统中可以设置集合点（CP），也可以不设置。

图 1-3　综合布线系统基本构成

2. 子系统构成

综合布线子系统构成如图 1-4 所示。

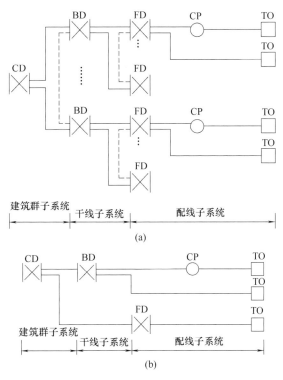

图 1-4　综合布线子系统构成

3. 引入部分构成

综合布线系统引入部分构成如图 1-5 所示。

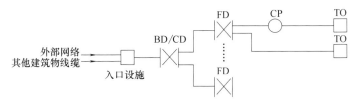

图 1-5　综合布线系统引入部分构成

图 1-6 所示为综合布线的七个子系统。在图 1-6 中：

① 工作区子系统：电脑到墙的 86 面板。

② 配线子系统：电脑所连接到的楼层的机房部分。

③ 管理间子系统：楼层机房部分为分配线架（Intermediate Distribution Frame，IDF）。

④ 干线子系统：楼层到总机房部分。

⑤ 设备间子系统：整个楼的机房为总配线架（Main Distribution Frame，MDF）。

⑥ 建筑群子系统：该楼到园区总机房部分。

⑦ 进线间子系统：运营商给到园区的部分。

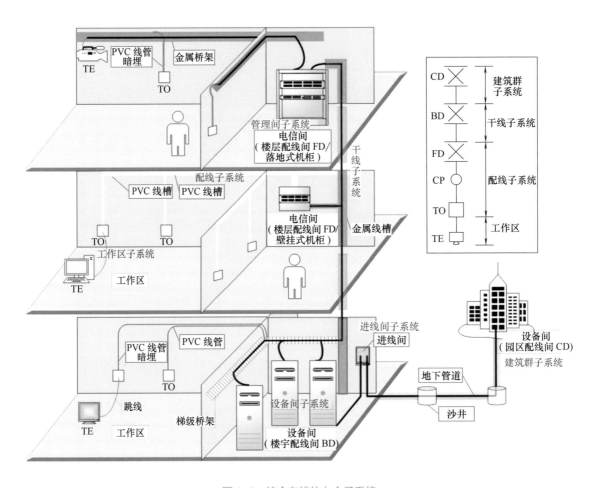

图 1-6 综合布线的七个子系统

 知识拓展

本教材以某学生宿舍楼的网络综合布线项目为载体，通过引导学生深入学习并实操

各个子系统，让学生更加深刻地理解综合布线的各个子系统，并在此过程中积累一定的实际工程经验。

由于单栋宿舍楼不涉及建筑群子系统和进线间子系统，故本教材对这两个子系统不进行详细介绍，需要了解其设计内容的读者可参考其他资料。

项目二　工作区子系统

任务一　认识工作区子系统

学习任务

1. 掌握工作区子系统的国家标准和规范。
2. 绘制工作区子系统平面图。

知识链接

在综合布线系统中，工作区子系统是指从信息插座延伸到终端设备的整个区域，即一个独立的需要安装终端设备的区域宜划分为一个工作区。工作区可支持电话、数据终端、计算机、电视机、监视器、传感器等终端设备。

如图 2-1 所示，工作区子系统由终端设备、与配线子系统相连的信息插座及连接中间设备的软跳线构成。对于计算机网络系统来说，工作区是由计算机、RJ45 接口信息插座及双绞线软跳线构成的系统；对于电话语音系统来说，工作区是由电话、RJ11 接口信息插座及电话软跳线构成的系统。

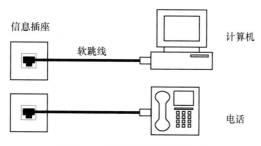

图 2-1　工作区子系统的构成

进一步了解工作区子系统的设计和安装规范。例如，信息插座的设计位置应考虑用户使用的便利性和美观性，一般应设计在距离地面 300mm 以上的位置。此外，还需要考虑信息插座的数量和布局，以满足不同用户的需求。在安装过程中，还需要注意线缆的走向、弯曲半径、连接方式等细节问题，以确保信号的传输质量和系统的稳定性。

同时，应密切关注工作区子系统的发展趋势和创新技术。随着无线通信技术的不断发展，越来越多的设备开始采用无线连接方式，这给工作区子系统带来了新的挑战和机遇。未来，工作区子系统可能需要具备更强的灵活性和适应性，以支持各种有线和无线设备的连接和通信需求。

任务二　工作区子系统的设计

1. 按照表 2-1 的设计要求，独立完成宿舍楼工作区子系统的设计方案（BIM 模型）。

表 2-1　　　　　　　　　　宿舍楼工作区子系统设计要求

	设计要求
宿舍楼工作区子系统	对整栋宿舍楼工作区进行需求分析和现场勘查，确定信息点的数量并计算出信息插座模块和信息插座水晶头的数量
	完成信息插座的安装方式的设计

2. 按照表 2-2 的设计要求，独立完成办公楼工作区子系统的设计方案（BIM 模型）。

表 2-2　　　　　　　　　　　　　办公楼工作区子系统设计要求

	设计要求
办公楼工作区子系统	对整栋办公楼工作区进行需求分析和现场勘查,确定信息点的数量并计算出信息插座模块和信息插座水晶头的数量
	完成信息插座的安装方式的设计

知识链接

图 2-2 所示为单人间办公室的工作区子系统平面图，图 2-3 所示为学生宿舍楼的宿舍工作区子系统平面图。

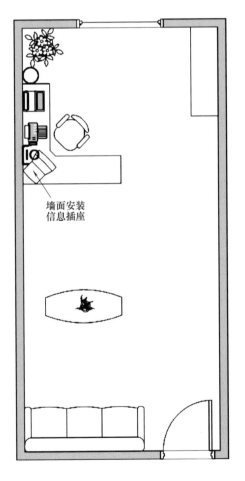
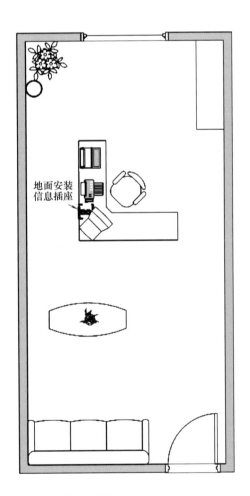

图 2-2　单人间办公室的工作区子系统平面图

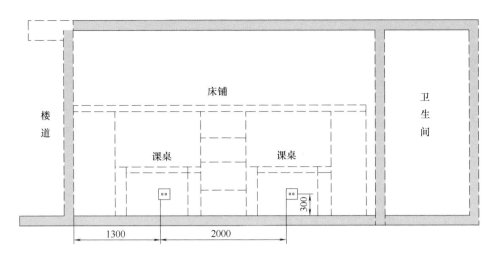

图 2-3　学生宿舍楼的宿舍工作区子系统平面图

一、工作区子系统设计要点

1. 工作区的规模

工作区的设计要确定每个工作区内应安装信息点的数量。根据相关设计规范要求，一般来说，一个工作区的服务面积可按 $5\sim10m^2$ 计算，每个工作区可以设置一部电话或一台计算机终端，或者既有电话又有计算机终端，也可根据用户提出的要求并结合系统的设计等级确定信息插座安装的种类和数量。除了根据目前需求以外，还应考虑为将来扩充留出一定的信息插座余量。

目前建筑物的类型功能较多，因此对工作区面积的划分应根据应用场合进行具体分析后确定。工作区面积划分可参考表 2-3。

表 2-3　　　　　　　　　　工作区面积划分

建筑物类型及功能	工作区面积/m²
网管中心、呼叫中心、信息中心等终端设备较为密集的场地	3~5
办公区	5~10
会议、会展	10~60
商场、生产机房、娱乐场所	20~60
体育场馆、候机室、公共设施区	20~100
工业生产区	60~200

2. 工作区信息插座的类型

信息插座必须具有开放性，即能兼容多种系统的设备连接要求。一般来说，工作区应安装足够的信息插座，以满足计算机、电话、传真机、电视机等终端设备的安装使用。例如，工作区配置 RJ45 信息插座以满足计算机的连接，配置 RJ11 信息插座以满足电话和传真机等电话语音设备的连接，配置有线电视 CATV 插座以满足电视机的连接。

3. 工作区信息插座安装的位置

工作区内信息插座要与建筑物内的装修相匹配，应安装在距离地面 300mm 以上的位置，而且应与计算机设备的距离保持在 5m 范围内。在某些情况下，建筑物装修或终端设备连接要求信息插座安装在地板上时，应选择翻盖式或跳起式地面插座，以方便设备连接使用。

二、工作区子系统设计步骤

1. 确定信息点数量

工作区信息点数量主要根据用户的具体需求确定。对于用户不能明确信息点数量的情况，应根据工作区设计规范确定，即每 $5\sim10m^2$ 面积的工作区应配置一个语音信息点或一个计算机信息点，或者一个语音信息点和一个计算机信息点，具体须参照综合布线系统的设计等级确定。如果按照基本型综合布线系统等级来设计，则应该只配置一个信息点。如果在用户对工程造价考虑不多的情况下，考虑系统未来的可扩展性，应向用户推荐每个工作区配置两个信息点。

2. 确定信息插座数量

确定了工作区应安装的信息点数量后，信息插座的数量就很容易确定了。如果工作区配置单孔信息插座，则信息插座数量应与信息点的数量相当。如果工作区配置双孔信息插座，则信息插座数量应为信息点数量的一半。假设信息点数量为 n，信息插座数量为 N，信息插座插孔数为 A，则应配置信息插座的数量可按式（2-1）计算。

$$N=\mathrm{INT}(n/A) \tag{2-1}$$

式中　INT(　)——向上取整函数。

考虑系统应为以后扩充留有余量，因此最终应配置信息插座的总量 P 可按式（2-2）计算。

$$P=N+N\times3\% \tag{2-2}$$

式中　N——实际所需信息插座数量；

$N\times3\%$——富余量。

3. 确定 RJ45 水晶头的数量

假设信息点数量为 n，RJ45 水晶头的总需求量为 M，则 M 可按式（2-3）计算。

$$M = n \times 4 + n \times 4 \times 15\% \tag{2-3}$$

式中　$n \times 4$——实际所需 RJ45 水晶头数量；

　$n \times 4 \times 15\%$——富余量。

4. 确定信息插座的安装方式

工作区信息插座的安装方式分为暗埋式和明装式两种。暗埋式的插座底盒嵌入墙面，明装式的插座底盒直接在墙面上安装。用户可根据实际需要选用不同的安装方式。通常情况下，新建建筑物采用暗埋式安装信息插座；已有的建筑物增设综合布线系统则采用明装式安装信息插座。

安装信息插座时应符合以下安装规范：

① 安装在地面上的信息插座盒应满足防水和抗压要求。

② 工业环境中的信息插座可带有保护壳体。

③ 暗装或明装在墙体或柱子上的信息插座底盒、多用户信息插座底盒及集合点配线箱体的底部距地高度宜为 300mm。

④ 安装在工作台侧隔板面及邻近墙面上的信息插座底盒的底部距地宜为 1000mm。

⑤ 信息插座模块宜采用标准 86 系列面板安装，安装光纤模块的底盒深度不应小于 60mm。

三、信息插座的设计

信息插座是工作区终端设备与配线子系统连接的接口。为便于有源设备的使用，每个工作区在信息插座附近应至少配置一个 220V 的三孔电源插座为设备供电，其间距不小于 100mm，高度应与信息插座相同。暗装信息插座（RJ45）与其旁边电源插座的间距应在 200mm 以上，且保护地线与零线应严格分开，如图 2-4 所示。

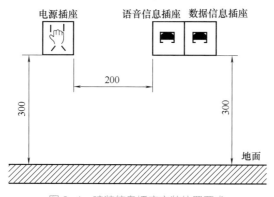

图 2-4　暗装信息插座安装位置要求

1. 确定信息插座的类型和规格

确定信息插座的类型和规格时，应考虑以下因素：

① 工作区信息点为电端口时，应采用 8 位模块通用插座（RJ45），以支持不同的终端设备接入；信息点电端口为 7 类布线时，采用 RJ45 或非 RJ45 型的屏蔽 8 位模块通用插座。

② 工作区信息点为光端口时，宜采用 SFF 小型光纤连接器件及适配器。

③ 每个工作区信息插座模块（光/电）的数量不宜少于两个，并应满足各种业务的需求；每一个底盒支持安装的信息点数量不宜大于两个。

④ 光纤信息插座模块安装的底盒大小应充分考虑水平光缆（2 芯或 4 芯）终接处的光缆盘留的空间大小并满足光缆对弯曲半径的要求。

⑤ 工作区每一个 8 位模块通用插座应连接一根 4 对对绞电缆（即一条 4 对对绞电缆应全部固定终接在一个 8 位模块通用插座上）；每一个双工或每两个单工光纤连接器件及适配器应连接一根 2 芯光缆。

⑥ 3 类信息插座模块支持 16Mbit/s 的信息传输，适合语音应用；5 类信息插座模块支持 100Mbit/s 的信息传输，超 5 类、6 类信息插座模块支持 1000Mbit/s 的信息传输，光纤插座模块支持 1000Mbit/s 以上的信息传输，适合语音、数据和视频应用。

⑦ 多用户信息插座和集合点的配线设备应安装于墙体或柱子等建筑物固定的位置。

⑧ 工作区信息插座的安装规范。

2. 确定信息插座的数量

建筑物各层需要设置的信息点的数量及其位置已由需求分析确定（采用单孔信息插座），可以按照下述方法计算、确定信息插座的数量。

① 8 位模块通用插座的数量（N）与电端口信息点的数量（n）相同，但可考虑 3% 的富余量，即 $P=N+N\times3\%$。

② 信息插座面板的数量 = 8 位模块通用插座的数量/信息插座面板的开口数。

③ 信息插座底盒的数量 = 信息插座面板的数量。

④ 光纤插座光纤适配器的数量 = 光端口数 = 光纤信息点的数量×2（因每个光纤信息点须配 2 芯光纤）。

⑤ 光纤插座面板的数量 = 光纤插座光纤适配器的数量/光纤插座面板的光口数量。

⑥ 光纤插座底盒的数量 = 光纤插座面板的数量。

知识拓展

某公司办公楼的楼层平面图如图 2-5 所示，对其进行网络综合布线，要求能够满足电话、计算机和监控等信号的传输。

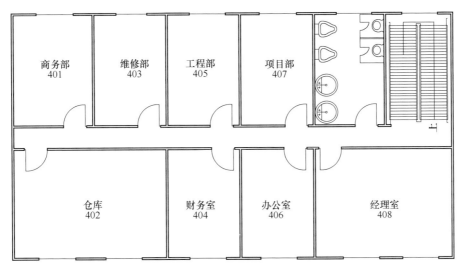

图 2-5　某公司办公楼的楼层平面图

根据用户的具体需求及相关设计规范要求，对该办公楼的工作区子系统的设计如下：

① 经理室安装两个信息点，其中包含一个数据点和一个语音点。

② 仓库需要安装摄像头进行安全监控，因此安装两个信息点，其中包含一个数据点和一个语音点；商务部、维修部、工程部、项目部、财务室、办公室每个房间安装四个信息点，其中包含两个数据点和两个语音点。

③ 信息点、语音点采用 86 型双口信息面板，敷设超 5 类双绞线。监控部分采用数字监控，使用 6 类屏蔽双绞线进行施工。

④ 本项目涉及的工作区子系统设计施工是指每个房间使用信息点的布线情况。

⑤ 在工作区子系统施工时，要充分考虑线槽、线缆、面板等设计施工是否规范，用户使用维护是否安全、方便等因素。

⑥ 要完成此项目的施工，主要涉及信息点的统计、材料预算表的编制、水晶头端接、信息插座模块端接、信息插座安装及跳线测试等。

请根据上述设计，完成办公楼的工程信息点统计表和材料预算表。

任务三　工作区子系统的施工与测试

 学习任务

1. 完成 RJ45 水晶头跳线的制作。

基础任务：正确完成一条 RJ45 水晶头跳线的制作。

选做任务：熟练完成四条 RJ45 水晶头跳线的制作。

2. 完成 RJ45 模块的制作。

基础任务：正确完成一个 RJ45 模块的制作。

选做任务：熟练完成四个 RJ45 模块的制作。

 知识链接

一、 RJ45 水晶头跳线

所谓跳线，是指两端均有一个水晶头的网线，包括直通线和交叉线两种。跳线一般采用双绞线，可用于计算机与集线器（交换机）的连接、集线器（交换机）之间的连接、集线器（交换机）与路由器的连接、计算机之间的连接、计算机与信息插座的连接等。在以双绞线作为传输介质的网络中，跳线的制作与测试非常重要。跳线的好坏直接影响终端与网络设备间的通信质量。

二、 RJ45 水晶头的端接原理

利用压线钳的机械压力使 RJ45 水晶头中的刀片首先压破线芯绝缘护套，再压入铜线芯中，实现刀片与线芯的电气连接。每个 RJ45 水晶头中有八个刀片，每个刀片与一个线芯连接。图 2-6 所示为 RJ45 水晶头刀片压接前和压接后位置图，应注意压接后八个刀片的位置比压接前低。

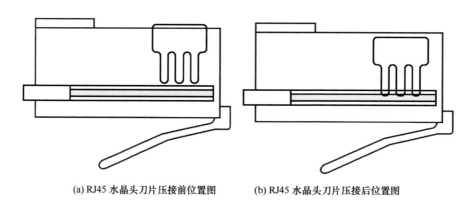

(a) RJ45 水晶头刀片压接前位置图　　(b) RJ45 水晶头刀片压接后位置图

图 2-6　RJ45 水晶头刀片压接前和压接后位置图

三、 RJ45 水晶头跳线的制作

制作 RJ45 水晶头跳线，应准备超 5 类非屏蔽双绞线、RJ45 水晶头、网线剥线器、压线钳、网线测试仪等工具，如图 2-7 所示。

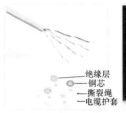    

超5类非屏蔽双绞线　　　RJ45水晶头　　　网线剥线器　　　压线钳　　　网线测试仪

图 2-7　制作 RJ45 水晶头跳线的工具

RJ45 水晶头跳线的制作步骤如下：

第一步：剥去 20~30mm 的电缆护套。

第二步：拆线。拆开线对。

第三步：排线。小心地松开每一线对，按 T568B 的标准线序排好位置。

第四步：理线。将八根芯线平坦整齐地平行排列好，芯线间不留空隙。

第五步：剪线。在离电缆护套 13mm 处将排好的芯线剪齐。

第六步：将线对插入 RJ45 水晶头。左手拇指和食指捏住 RJ45 水晶头（卡柱朝下），将排好的八根芯线慢慢插入 RJ45 水晶头，一定要将芯线端头插到 RJ45 水晶头的顶端，电缆护套的扁平部分也应插入 RJ45 水晶头后端，且应伸出 RJ45 水晶头后端 4mm。

第七步：压接。小心地将已插好线的 RJ45 水晶头放入压线钳中。紧紧握住压线钳的把柄，并将这个压力保持 3s。压线钳有两个模块，一个负责将进入 RJ45 水晶头的一块塑料片压下以卡住进入水晶头内的电缆护套，另一个负责将 RJ45 水晶头内的针脚压入芯线中，使之导通。

第八步：压接完成后，从压接工具上取下 RJ45 水晶头，检查接头，确认所有的卡接铜片都已压入芯线。否则，应取下连接器，重新压接。

第九步：采用同样的方法，制作另一端的 RJ45 水晶头接头。

第十步：使用网线测试仪检查跳线的连接质量，将压接好的两个水晶头分别置于测试仪的插孔内，开启主端电源，指示灯按顺序闪亮。若所有指示灯均正常闪亮，则说明跳线制作成功。否则，说明芯线接续有问题，需要返工重做。

四、 RJ45 水晶头跳线的测试

测试时，将两端的 RJ45 水晶头分别插入主测试仪和远程测试仪的 RJ45 端口，将开关开至"ON"，主机指示灯从 1 至 8 逐个顺序闪亮。

若连接不正常，则按下述情况显示：

① 当有一根芯线断路时，主测试仪和远程测试仪对应线号的指示灯都不亮。

② 当有多条芯线断路时，主测试仪和远程测试仪对应线号的指示灯都不亮；当连通的芯线数量少于两根时，所有的指示灯都不亮。

③ 当两头芯线排列顺序有误时，与主测试仪端连通的远程测试端线号的指示灯亮。

④ 当芯线中有两根短路时，主测试仪的显示保持不变，而远程测试仪中短路的两根芯线对应的指示灯都亮。若有三根以上（含三根）芯线短路时，则所有短路的芯线对应的指示灯都亮。

⑤ 如果测试过程中出现红灯或黄灯，说明存在接触不良等现象，此时最好先用压线钳压制两端水晶头一次，然后再测。如果故障依旧存在，则应检查芯线的排列顺序是否正确。如果芯线顺序错误，则应重新制作。

五、网络模块的端接

网络模块的端接步骤如下：

第一步：剥去外绝缘护套。

第二步：拆开四对双绞线。

第三步：拆开单绞线。

第四步：按照线序放入端接口，如图 2-8 所示。

图 2-8　按照线序放入端接口

第五步：压接和剪线，如图 2-9 所示。

图 2-9　压接和剪线

第六步：盖好防尘帽，如图 2-10 所示。

图 2-10　盖好防尘帽

 知识拓展

一、跳线制作标准

根据《综合布线系统工程设计规范》（GB 50311—2016），跳线可按 T568A 或 T568B 线序进行制作，如图 2-11 所示。

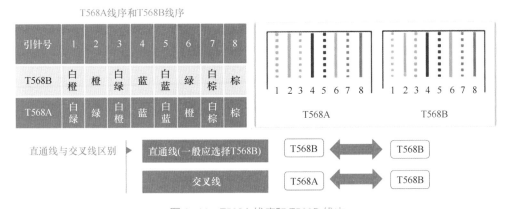

图 2-11　T568A 线序和 T568B 线序

二、针脚定义

RJ45 连接器包括一个插头和一个插孔（或插座）。插孔安装在机器上，插头则和连接导线（现在最常用的是采用无屏蔽双绞线的 5 类线）相连。布线标准规定了八根针脚的编号，如果看插头，将插头的末端面向眼睛，同时确保针脚接触点的插头在下方，那么最左边是针脚 1，最右边是针脚 8，如图 2-12 所示。

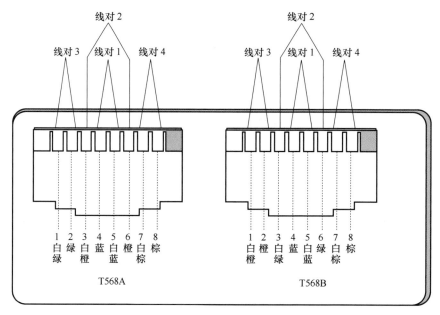

图 2-12　T568A 线序和 T568B 线序排列分配图

RJ45 连接器针脚的功能定义如下：

针脚 1　发送；针脚 2　发送；针脚 3　接收；针脚 4　不使用；针脚 5　不使用；针脚 6　接收；针脚 7　不使用；针脚 8　不使用。

需要特别强调的是，线序是不能随意改动的。例如，从上述针脚的功能定义连接标准来看，1 和 2 是一对线，3 和 6 是一对线。如果擅自改变线序，比如将 1 和 3 用作发送的一对线，而将 2 和 4 用作接收的一对线，那么这些连接导线的抗干扰能力将大幅度下降，误码率也会随之增大，从而无法保证网络的正常工作。

思考：跳线的四线接法。

项目三　配线子系统

学习目标

1. 深入理解配线子系统在综合布线系统中的角色和功能，掌握其基本的构成和布线原则。

2. 熟悉配线子系统的布线材料、拓扑结构和传输介质的选择标准。

3. 通过学习和实践，能够独立完成配线子系统的设计和规划，确保布线的高效性、稳定性和可扩展性。

4. 关注新技术和行业相关标准的发展，不断提升自身在配线子系统设计和实施方面的专业能力，为构建高质量的综合布线系统打下坚实的基础。

任务一　认识配线子系统

学习任务

1. 掌握配线子系统的国家标准和规范。
2. 绘制配线子系统平面图。

知识链接

配线子系统就是通常所说的水平子系统，也称水平干线子系统，是整个综合布线系统的一部分，主要负责将分布在同一水平层内的信息插座以星型拓扑结构连接到管理模块上。它由用户信息插座、水平电缆、配线设备等组成，是计算机网络信息传输的重要组成部分，如图3-1所示。

图 3-1　配线子系统结构图

水平布线，是将电缆从管理间子系统的配线间接到每一楼层的工作区的信息输入/输出（I/O）插座上。设计者要根据建筑物的结构特点，从路由（布线）最短、造价最低、施工方便、布线规范等方面考虑。但由于建筑物中的管线比较多，往往会遇到一些矛盾，所以设计配线子系统时必须折中考虑，优选最佳的水平布线方案。图 3-2 和图 3-3 所示为某学生宿舍楼的配线子系统平面图。

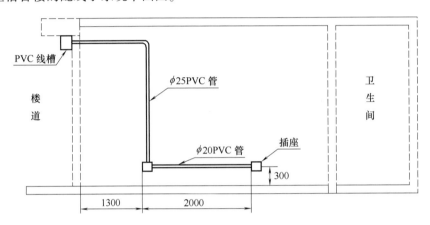

图 3-2　配线子系统平面图（一）

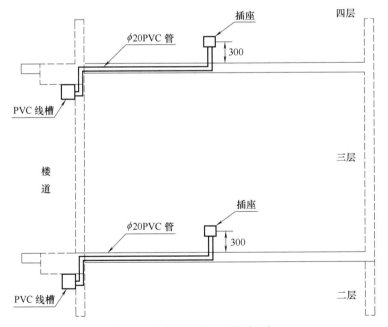

图 3-3　配线子系统平面图（二）

一、配线子系统的组成

1. 配线子系统概述

配线子系统是综合布线结构的一部分，它将干线子系统线路延伸到用户工作区，实现信息插座和管理间子系统的连接，包括工作区与楼层配线间之间的所有电缆、连接硬件（信息插座、插头、端接水平传输介质的配线架、跳线架等）、跳线线缆及附件。配线子系统的管路敷设、线缆选择是综合布线系统中重要的组成部分。与干线子系统相比，配线子系统总是在一个楼层上，仅与信息插座、管理间子系统连接。

2. 网络拓扑结构

配线子系统通常采用星型网络拓扑结构，它以楼层配线设备（FD）为主节点，各工作区信息插座为分节点，二者之间采用独立的线路相互连接，形成以 FD 为中心向工作区信息插座辐射的星形网络。通常用双绞线敷设配线子系统，此时配线子系统的最大长度为 90m。

二、综合布线配线子系统设计时应考虑的问题

① 配线子系统应根据楼层用户类别及工程提出的近、远期终端设备要求确定每层的信息点（TO）数，在确定信息点数及位置时，应考虑终端设备将来可能产生的移动、修改、重新安排，以便于选定一次性建设和分期建设的方案。

② 当工作区为开放式大密度办公环境时，宜采用区域式布线方法，即从楼层配线设备上将多对数电缆布至办公区域，根据实际情况采用合适的布线方法，也可通过集合点将线引至信息点。

③ 配线电缆宜采用 8 芯非屏蔽双绞线，语音口和数据口宜采用 5 类、超 5 类或 6 类双绞线，以增强系统的灵活性。对高速率应用场合，宜采用多模或单模光纤，每个信息点的光纤宜为 4 芯。

④ 信息点应为标准的 RJ45 型插座，并与线缆类别相对应，多模光纤插座宜采用 SC 接插形式，单模光纤插座宜采用 FC 接插形式。信息插座应在内部做固定连接，不得空线、空脚。要求屏蔽的场合，插座须有屏蔽措施。

⑤ 配线子系统可采用吊顶上、地毯下、暗管、地槽等方式布线。

⑥ 信息点面板应采用国际标准面板。

三、国家相关标准

配线子系统线缆宜采用在吊顶、墙体内穿管或设置金属密封线槽及开放式（电缆桥架、吊挂环等）敷设，当线缆在地面布放时，应根据环境条件选用地板下线槽、网络地板、高架（活动）地板布线等安装方式。

 知识拓展

进一步了解配线子系统的设计和安装规范。例如，如何合理规划线缆的走向和长度、如何选择合适的传输介质和连接设备、如何确保线缆的弯曲半径和拉力等符合规范要求等。此外，还可以关注配线子系统的发展趋势和创新技术，如新型线缆材料、高速传输技术、智能管理技术等的应用和发展。

任务二　配线子系统的设计

学习任务

独立完成配线子系统的设计。

基础任务：独立完成宿舍楼配线子系统的设计（BIM 模型），如图 3-4 和图 3-5 所示。

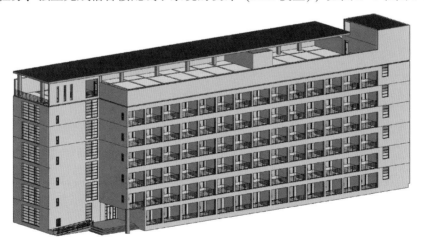

图 3-4　宿舍楼 BIM 模型

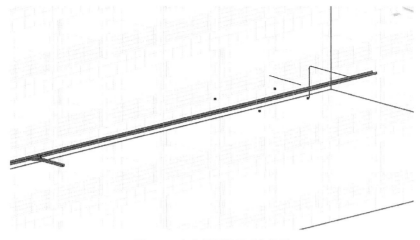

图 3-5 宿舍楼配线子系统模型

选做任务：独立完成办公楼配线子系统的设计（BIM 模型）。

知识链接

配线子系统设计的步骤如下：首先，进行需求分析，与用户进行充分的技术交流并了解建筑物用途；然后，认真阅读建筑物设计图纸，确定工作区子系统信息点位置和数量，完成点数表；其次，进行初步规划和设计，确定每个信息点的水平布线路径；最后，确定布线材料规格和数量，列出材料规格和数量统计表。

1. 需求分析

需求分析是综合布线系统设计的首项重要工作。配线子系统是综合布线系统工程中最大的一个子系统，它使用的材料最多、工期最长、投资最大，也直接决定每个信息点的稳定性和传输速度。需求分析主要涉及布线距离、布线路径、布线方式和材料的选择，它们对后续配线子系统的施工是非常重要的，也直接影响网络综合布线系统工程的质量、工期，甚至影响最终工程造价。

需求分析首先按照楼层进行，分析每个楼层的设备间到信息点的布线距离、布线路径，逐步明确并确认每个工作区信息点的布线距离和路径。

2. 技术交流

在完成需求分析后，应与用户进行技术交流。由于配线子系统往往覆盖每个楼层的立面和平面，其布线路径也经常与照明线路、电气设备线路、电源插座、消防线路、暖气或者空调线路有多次的交叉或者并行，因此不仅要与用户方的技术负责人交流，也要与项目或者行政负责人交流。交流时应重点了解每个信息点路径上的电路、水路、气路和电气设备的安装位置等详细信息。在技术交流过程中必须进行详细的书面记录，每次交流结束后，应及时整理书面记录。

3. 阅读建筑物设计图纸

进行配线子系统设计时，获取并认真阅读建筑物设计图纸是不能省略的程序。通过阅读建筑物设计图纸，掌握建筑物的土建结构、强电路径、弱电路径，特别是主要电气设备和电源插座的安装位置，重点掌握在综合布线路径上的电气设备、电源插座、暗埋管线等。阅读建筑物设计图纸时，应进行记录或者标记，正确处理配线子系统布线与电路、水路、气路和电气设备的直接交叉或者路径冲突问题。

4. 配线子系统的规划和设计

（1）配线子系统线缆的布线距离规定

《综合布线系统工程设计规范》（GB 50311—2016）对配线子系统线缆的长度做了统一规定。配线子系统各线缆长度应符合图3-6所示的划分规定，并应符合下列要求。

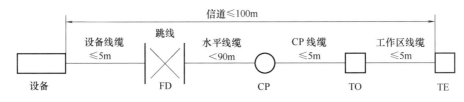

图3-6　配线子系统线缆划分

① 配线子系统信道的最大长度不大于100m。其中水平线缆长度小于90m，一端工作区设备连接跳线不大于5m，另一端设备间（电信间）的跳线不大于5m。当两端的跳线之和大于10m时，水平线缆长度（90m）应适当减少，保证配线子系统信道最大长度不大于100m。

② 信道总长度不应大于2000m。

③ 建筑物或建筑群配线设备之间（FD与BD、FD与CD、BD与BD、BD与CD之间）组成的信道出现四个连接器件时，主干线缆的长度不应小于15m。

（2）开放型办公室布线系统长度的计算

对于办公楼、综合楼等商用建筑物或公共区域大开间的场地，宜按开放型办公室综合布线系统要求进行设计。

采用多用户信息插座时，每一个多用户插座宜能支持12个工作区所需的8位模块通用插座，并宜包括备用量。

各段电缆长度应符合表3-1所示的规定，其中，C、W 取值应按式（3-1）和式（3-2）进行计算。

$$C = (102-H)/(1+D) \tag{3-1}$$

式中　C——工作区设备电缆、电信间跳线及设备电缆的总长度；

　　　H——水平电缆的长度，$(H+C) \leqslant 100\text{m}$；

　　　D——调整系数，对 24 号线规 D 取 0.2，对 26 号线规 D 取 0.5。

$$W = C-T \tag{3-2}$$

式中　T——电信间跳线和设备电缆长度；

　　　W——工作区设备电缆的长度。

表 3-1　　　　　　　　　　　　各段电缆长度限值　　　　　　　　　　单位：m

水平电缆的长度 H	24 号线规（AWG）		26 号线规（AWG）	
	W	C	W	C
90	5	10	4	8
85	9	14	7	11
80	13	18	11	15
75	17	22	14	18
70	22	27	17	21

（3）CP 集合点的设置

① 在配线子系统施工中，需要增加 CP 集合点时，同一个水平电缆上只允许设置一个 CP 集合点，而且 CP 集合点与 FD 楼层配线设备之间水平线缆的长度应大于 15m。

② CP 集合点的端接模块或者配线设备应安装在墙体或柱子等建筑物固定的位置，不允许随意放置在线槽或者线管内，更不允许曝露在外边。

③ CP 集合点只允许在实际布线施工中应用，它规范了线缆端接的做法，适合解决布线施工中个别线缆穿线困难问题，实现中间接续。然而，在实际施工中，应尽量避免出现 CP 集合点。值得注意的是，在前期项目设计阶段，是不允许出现 CP 集合点的。

（4）管道线缆的布放根数

在配线子系统中，线缆必须安装在线槽或者线管内。在建筑物墙内或者地面内暗设布线时，一般选择线管，不允许使用线槽。在建筑物墙上明装布线时，一般选择线槽，很少使用线管。选择线槽时，建议宽高比为 2∶1，这样布出的线槽较为美观、大方。选择线管时，建议使用满足布线根数需要的最小直径线管，这样能够降低布线成本。

线缆布放在线管与线槽内的管径与截面利用率，应根据不同类型的线缆进行不同的选择。线管内穿放大对数电缆或 4 芯以上光缆时，直线管路的管径利用率应为 50%~60%，弯管路的管径利用率应为 40%~50%。线管内穿放 4 对对绞电缆或 4 芯光缆时，截面利用率应为 25%~35%。布放线缆在线槽内的截面利用率应为 30%~50%。

常规通用线槽内布放线缆的最大根数可以按照表 3-2 进行选择。

表 3-2   线槽规格型号与容纳双绞线最大根数

线槽/桥架类型	线槽/桥架规格/mm	容纳双绞线最大根数	截面利用率
PVC	20×12	2	30%
PVC	25×12.5	4	30%
PVC	30×16	7	30%
PVC	39×19	12	30%
金属、PVC	50×25	18	30%
金属、PVC	60×30	23	30%
金属、PVC	75×50	40	30%
金属、PVC	80×50	50	30%
金属、PVC	100×50	60	30%
金属、PVC	100×80	80	30%
金属、PVC	150×75	100	30%
金属、PVC	200×100	150	30%

常规通用线管内布放线缆的最大根数可以按照表 3-3 进行选择。

表 3-3   线管规格型号与容纳双绞线最大根数

线管类型	线管规格/mm	容纳双绞线最大根数	截面利用率
PVC、金属	16	2	30%
PVC	20	3	30%
PVC、金属	25	5	30%
PVC、金属	32	7	30%
PVC	40	11	30%

常规通用线槽（管）内布放线缆的最大根数也可以按照以下方法进行计算和选择。

① 线缆截面积计算。网络双绞线按照线芯数量分，有 4 对、25 对、50 对等多种规格；按照用途分，有屏蔽双绞线和非屏蔽双绞线等多种规格。在综合布线系统工程中，最常见且应用最广泛的是 4 对双绞线。考虑到不同厂家生产的线缆的外径存在差异，下面以直径为 6mm 的线缆为例，计算双绞线的截面积。

$$S = d^2 × 3.14/4 = 6^2 × 3.14/4 = 28.26 (mm^2)$$

式中　S——双绞线截面积；

　　　d——双绞线直径。

② 线管截面积计算。线管规格一般用其外径表示，线管内布线截面积应该按照线管的内径计算。以管径为 25mm 的 PVC 管为例，管壁厚 1mm，线管内径为 23mm，计算线管

的截面积。

$$S = d^2 \times 3.14/4 = 23^2 \times 3.14/4 = 415.265（mm^2）$$

式中　　S——线管截面积；

　　　　d——线管的内径。

③ 线槽截面积计算。线槽规格一般用其外部长度和宽度表示，线槽内布线截面积应该按照线槽的内部长度和宽度计算。以 40mm×20mm 线槽为例，线槽壁厚 1mm，线槽内部长度为 38mm，宽度为 18mm，计算线槽的截面积。

$$S = L \times W = 38 \times 18 = 684（mm^2）$$

式中　　S——线槽截面积；

　　　　L——线槽内部长度；

　　　　W——线槽内部宽度。

④ 容纳双绞线最大根数计算。在布线标准中，一般线槽（管）内允许穿线的最大面积为 70%，同时鉴于线缆之间的间隙和拐弯等因素，应考虑浪费空间 40%~50%。因此容纳双绞线最大根数可按式（3-3）计算。

$$N = 线槽（管）截面积 \times 70\% \times（40\%~50\%）/线缆截面积 \tag{3-3}$$

式中　　　N——容纳双绞线最大根数；

　　　　70%——布线标准规定允许的空间；

40%~50%——线缆之间浪费的空间。

【例1】　计算 30mm×16mm 线槽容纳双绞线最大根数。其中，线槽壁厚 1mm，线缆直径为 6mm，线缆之间浪费的空间按 50% 考虑。

【解】
$$\begin{aligned} N &= 线槽截面积 \times 70\% \times 50\%/线缆截面积 \\ &= 28 \times 14 \times 70\% \times 50\%/（6^2 \times 3.14/4） \\ &= 5（根） \end{aligned}$$

【例2】　计算 $\phi 40$ PVC 线管容纳双绞线最大根数。其中，管壁厚 1.7mm，线缆直径为 6mm，线缆之间浪费的空间按 40% 考虑。

【解】
$$\begin{aligned} N &= 线管截面积 \times 70\% \times 40\%/线缆截面积 \\ &= 36.6^2 \times 3.14/4 \times 70\% \times 40\%/（6^2 \times 3.14/4） \\ &= 10（根） \end{aligned}$$

⑤ 布线弯曲半径要求。布线时如果不能满足最低弯曲半径要求，双绞线电缆的缠绕节距会发生变化，严重时电缆可能会损坏，直接影响电缆的传输性能。例如，在铜缆系统中，布线弯曲半径直接影响回波损耗值，严重时会超过标准规定值；在光缆系统中，则可能会导致高衰减。因此在设计布线路径时，应尽量避免和减少弯曲，增加线缆的弯

曲半径。

线缆的弯曲半径应符合以下规定：

a. 非屏蔽 4 对对绞电缆的弯曲半径应至少为电缆外径的 4 倍。

b. 屏蔽 4 对对绞电缆的弯曲半径应至少为电缆外径的 8 倍。

c. 主干对绞电缆的弯曲半径应至少为电缆外径的 10 倍。

d. 2 芯或 4 芯水平光缆的弯曲半径应大于 25mm。

e. 光缆容许的最小弯曲半径在施工时不应小于光缆外径的 20 倍，施工完毕不应小于光缆外径的 15 倍。

f. 其他芯数的水平光缆、主干光缆和室外光缆的弯曲半径应至少为光缆外径的 10 倍。

g. 采用电缆桥架布放线缆时，桥架内侧的弯曲半径不应小于 300mm。

（5）综合布线电缆与电力电缆的间距

在配线子系统中，经常出现综合布线电缆与电力电缆平行布线的情况。为了减少电力电缆电磁场对网络系统的影响，综合布线电缆与电力电缆接近布线时，必须保持一定的距离。综合布线电缆与电力电缆的间距应符合表 3-4 的规定。

表 3-4　　　　　　　　　　综合布线电缆与电力电缆的间距　　　　　　　　　单位：mm

类别	与综合布线接近状况	最小间距
380V 电力电缆<2kV·A	与线缆平行敷设	130
	有一方在接地的金属线槽或钢管中	70
	双方都在接地的金属线槽或钢管中	10
2kV·A≤380V 电力电缆≤5kV·A	与线缆平行敷设	300
	有一方在接地的金属线槽或钢管中	150
	双方都在接地的金属线槽或钢管中	80
380V 电力电缆>5kV·A	与线缆平行敷设	600
	有一方在接地的金属线槽或钢管中	300
	双方都在接地的金属线槽或钢管中	150

当 380V 电力电缆<2kV·A，双方都在接地的线槽中，且平行长度≤10m 时，最小间距可为 10mm；双方都在接地的线槽中，是指两个不同的线槽，也可在同一线槽中用金属板隔开。

（6）线缆与电气设备的间距

综合布线电缆与附近可能产生高电平电磁干扰的电动机、电力变压器、射频应用设备等电气设备之间应保持必要的间距，为了减少电气设备的电磁场对网络系统的影响，综合布线电缆与这些设备布线时，必须保持一定的距离。综合布线系统线缆与配电箱、变电室、电梯机房、空调机房之间的最小净距宜符合表 3-5 的规定。

表 3-5　　　　　　　　综合布线线缆与电气设备的最小净距　　　　　　单位：m

名称	最小净距	名称	最小净距
配电箱	1	电梯机房	2
变电室	2	空调机房	2

（7）线缆与其他管线的间距

墙上敷设的综合布线线缆及管线与其他管线的间距应符合表 3-6 的规定。

表 3-6　　　　　　　　综合布线线缆与其他管线的间距　　　　　　　单位：mm

其他管线	平行净距	垂直交叉净距	其他管线	平行净距	垂直交叉净距
避雷引下线	1000	300	热力管(不包封)	500	500
保护地线	50	20	热力管(包封)	300	300
给水管	150	20	煤气管	300	20
压缩空气管	150	20	—	—	—

（8）其他电气防护和接地

综合布线系统应远离高温和电磁干扰的场地，根据环境条件选用相应的线缆和配线设备或采取防护措施，并应符合下列规定：

① 当综合布线区域内存在的电磁干扰场强低于 3V/m 时，宜采用非屏蔽电缆和非屏蔽配线设备。

② 当综合布线区域内存在的电磁干扰场强高于 3V/m，或用户对电磁兼容性有较高要求时，可采用屏蔽布线系统和光缆布线系统。

③ 当综合布线路由上存在干扰源，且不能满足最小净距要求时，宜采用金属导管和金属槽盒敷设，或采用屏蔽布线系统及光缆布线系统。

④ 当局部地段与电力线或其他管线接近，或接近电动机、电力变压器等干扰源，且不能满足最小净距要求时，可采用金属导管或金属槽盒等局部措施加以屏蔽处理。

（9）线缆的选择原则

① 同一布线信道及链路的线缆和连接器件应保持系统等级与阻抗的一致性。

② 综合布线系统工程的产品类别及链路、信道等级确定应综合考虑建筑物的功能、应用网络、业务终端类型、业务的需求及发展、性能价格、现场安装条件等因素。

③ 综合布线系统光纤信道应采用标称波长为 850nm 和 1300nm 的多模光纤及标称波长为 1310nm 和 1550nm 的单模光纤。

④ 单模和多模光纤的选用应符合网络的构成方式、业务的互通互连方式及光纤在网络中的传输距离要求。楼内宜采用多模光纤，建筑物之间宜采用单模或多模光纤，须直

接与电信业务经营者相连时宜采用单模光纤。

⑤ 为保证传输质量，配线设备连接的跳线宜选用产业化制造的各类跳线，在电话应用时宜选用双芯对绞电缆。

⑥ 工作区信息点为电端口时，应采用 8 位模块通用插座（RJ45）；为光端口时，宜采用小型光纤连接器件（SFF）及适配器。

⑦ FD、BD、CD 配线设备应采用 8 位模块通用插座或卡接式配线模块（多对、25 对及回线型卡接模块）和光缆连接器件及光缆适配器（单工或双工的 ST、SC 或 SFF 光缆连接器件及适配器）。

⑧ CP 集合点安装的连接器件应选用卡接式配线模块或 8 位模块通用插座或各类光缆连接器件及适配器。

（10）屏蔽布线系统

① 综合布线区域内存在的电磁干扰场强高于 3V/m 时，宜采用屏蔽布线系统进行防护。

② 若用户对电磁兼容性有较高的要求（电磁干扰和防信息泄漏）或网络安全保密的需要，宜采用屏蔽布线系统。

③ 采用非屏蔽布线系统无法满足安装现场条件对线缆的间距要求时，宜采用屏蔽布线系统。

④ 屏蔽布线系统采用的电缆、连接器件、跳线、设备电缆都应是屏蔽的，并应保持屏蔽层的连续性。

（11）线缆的暗埋设计

在设计新建建筑物配线子系统线缆的路径时宜采取暗埋管线的方式。暗管的转弯角度应大于 90°，在路径上每根暗管的转弯角度不得多于两个，并不应有 S 形路径出现。有弯头的管段长度超过 20m 时，应设置管线过线盒装置；有两个弯时，在不超过 15m 处应设置过线盒。

设置在墙面的信息点布线路径宜使用暗埋金属管或 PVC 管。对于信息点较少的区域中的管线，可以直接敷设到楼层的设备间机柜内；对于信息点较多的区域，可先将每个信息点管线分别敷设到楼道或者吊顶上，然后集中进入楼道或者吊顶上安装的线槽或者桥架。

新建公共建筑物墙面暗埋管的路径一般有两种做法：第一种是从墙面插座向上垂直埋管到横梁，然后在横梁内埋管到楼道本层墙面出口，如图 3-2 所示；第二种是从墙面插座向下垂直埋管到横梁，然后在横梁内埋管到楼道下层墙面出口，如图 3-3 所示。如果同一墙面单面或者两面插座比较多时，水平插座之间应串联布管，如图 3-2 所示。以上两种做法都会减少管线拐弯，且不会出现 U 形或者 S 形路径，土建施工简单。值得注意的是，土建中不允许沿墙面斜角暗埋管线。

对于信息点比较密集的网络中心、运营商机房等区域，一般铺设抗静电地板，在地板下安装布线槽，水平布线到网络插座。

（12）线缆的明装设计

住宅楼、老式办公楼、厂房进行改造或者需要增加网络布线系统时，一般采取明装布线的方式。学生宿舍楼、教学楼、实验楼等信息点比较密集的建筑物在综合布线时一般也采取隔墙暗埋管线、楼道明装线槽或者桥架的方式（工程上也称暗管明槽方式）。

住宅楼增加网络布线时，通常将机柜安装在每个单元的中间楼层，然后沿墙面安装 PVC 线管或者线槽到每户入户门上方的墙面固定插座。线槽的外观美观，施工方便，但是安全性较差，而线管的安全性较好。楼道明装布线时，宜选择 PVC 线槽，线槽盖板边缘最好是直角，不宜选择斜角盖板（尤其在北方地区），因为斜角盖板容易落灰，影响美观。

采取暗管明槽方式布线时，每个暗埋管在楼道的出口高度必须相同，使暗管与明装线槽直接连接，确保布线方便和美观，如图 3-7 所示。

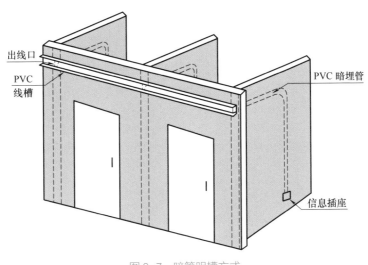

图 3-7　暗管明槽方式

设计配线子系统时，应综合考虑各方面因素，优选最佳的水平布线方案。一般可采

用直接埋管线槽方式、先走线槽再走支管方式、地面线槽方式，其他布线方式都是在这三种方式基础上的改良型和综合型。下面详细介绍这三种布线方式。

1. 直接埋管线槽方式

直接埋管线槽方式由一系列密封在现浇混凝土里的金属布线管道或金属馈线走线槽组成，这些金属布线管道或金属馈线走线槽从配线间向信息插座的位置辐射。根据通信和电源布线要求、地板厚度和占用的地板空间等条件，直接埋管线槽方式可以采用厚壁镀锌管或薄型电线管。

以前的建筑面积一般不大，电话点比较少，电话线也比较细，使用一条管路可以穿3个以上房间的线，出线盒既作为信息出口又作为过线盒，因此，远端工作房间到弱电井的距离较长，可达20m，一个楼层用2~4个管路就可以涵盖，整个设计简单明了。对于较大的楼层，可以划分为几个区域，每个区域设置一个小配线箱，先由弱电井的楼层配线间直埋钢管穿大对数电缆到各分区的小配线箱，再直埋较细的管将电话线引至房间的电话出口。因此，在以前的建筑中常使用直接埋管线槽方式，其设计、安装、维护非常方便，而且工程造价较低。

由于直接埋管线槽方式的排管数量较多，钢管的费用相应增加，相对于其他布线方式的优势不明显，而且局限性较大，在现代建筑中逐步被其他布线方式取代。不过在地下层信息点比较少且没有吊顶的情况下，一般还继续使用这种方式。

值得一提的是，直接埋管线槽方式也经历了一些技术改良，即由弱电井并到各房间的排管不再埋设在地面垫层中，而是将其吊装在走廊的吊顶内。到达各房间后，通过分线盒分出较细的支管，这些支管会沿着房间吊顶贴墙而下到信息出口。通过在吊顶内设置排管，可以方便地添加过线盒，从而便于穿线操作，也使得远端房间与弱电井之间的距离不再受限。同时，吊顶内的排管通常会选择较大的管径，如SC50。尽管这种改良方式在一定程度上提高了直接埋管线槽方式的灵活性和可扩展性，但与先走线槽再走支管的方式相比，其灵活性和应用范围仍然有限。因此，一般只在一些特定场合下使用，如塔楼塔身层面积不大且没有必要架设线槽的场合。

2. 先走线槽再走支管方式

线槽由金属或阻燃高强度 PVC 材料制成，有单件扣合式和双件扣合式两种类型。线槽通常悬挂在天花板上方的区域，用于大型建筑物或布线系统比较复杂而需要有额外支持物的场合。用横梁式线槽将电缆引向所要布线的区域。由弱电井出来的线缆先走吊顶内的线槽，到各房间后，经分支线槽从横梁式电缆管道分叉后将电缆穿过一段支管引向墙柱或墙壁，贴墙而下到本层的信息出口（或贴墙而上，在上一层楼板钻一个孔，将电缆引到上一层的信息出口），最后端接在用户的插座上。

在设计、安装线槽时应多方面考虑，尽量将线槽放在走廊的吊顶内，并且去各房间的支管应适当集中至检修孔附近，以便于维护。如果是新建建筑，应赶在走廊吊顶前施工，这样不仅能够减少布线工时，还有利于已穿线缆的保护，不影响房内装修；一般走廊处于中间位置，布线的平均距离最短，从而节约线缆费用，提高综合布线系统的性能（线越短传输质量越高）。应尽量避免线槽进入房间，否则不仅不经济，而且影响房间装修，不利于以后的维护。

弱电线槽可以走综合布线系统、公用天线系统、闭路电视系统及楼宇自控系统信号线等弱电线缆，这样能够降低工程造价。同时，由于支管经房间内吊顶贴墙而下至信息出口，在吊顶与其他的系统管线交叉施工，能够减少工程协调量。

3. 地面线槽方式

地面线槽方式就是弱电井出来的线走地面线槽到地面出线盒或由分线盒出来的支管到墙上的信息出口。由于地面出线盒或分线盒不依赖墙或柱体而直接走地面垫层，因此这种方式适用于大开间或需要打隔断的场合。

地面线槽方式就是将长方形的线槽打在地面垫层中，每隔 4～8m 拉一个过线盒或出线盒（在支路上出线盒也起分线盒的作用），直到信息出口的出线盒。线槽有两种规格：70 型，外形尺寸 70mm×25mm（宽×厚），有效截面积为 1386mm^2，占空比取 30%，可穿 21 根线；50 型，外形尺寸 50mm×25mm，有效截面积为 966mm^2，可穿 15 根线。分线盒与过线盒有两槽与三槽两种，均为正方形，每面可接两根或三根地面线槽。因为正方形有四面，分线盒与过线盒均可将 2～3 个分路汇成一个主路或起到 90° 转弯的功能。四槽以上的分线盒都可由两槽或三槽分线盒拼接。

（1）地面线槽方式的优点

① 用地面线槽方式，信息出口离弱电井的距离不受限制。地面线槽每 4～8m 接一个分线盒或出线盒，布线时拉线非常容易，因此距离不受限制。

② 强、弱电可以走同路由相邻的地面线槽，而且可接到同一出线盒内的各自插座。当然，地面线槽必须接地屏蔽，产品质量也要过关。

③ 适用于大开间或需要打隔断的场合。如交易大厅，它的面积较大，计算机离墙较远，用较长的线接墙上的网络出口及电源插座，显然是不合适的。这时用地面线槽在附近留一个出线盒，便能解决联网及取电问题。又如一个楼层即将出售，房间的大小与位置需要根据办公用具来确定隔断，距离买家购买办公用具并入住的时间已较为紧迫，为了不影响工期，地面线槽方式是最佳选择。

④ 可以提高商业楼宇的档次。大开间办公是现代流行的管理模式，只有高档楼宇才能提供这种有序线缆的大开间办公室。

（2）地面线槽方式的缺点

① 地面线槽做在地面垫层中，需要 6.5cm 以上的垫层厚度，这对于尽量减少挡板及垫层厚度是不利的。

② 地面线槽做在地面垫层中，如果楼板较薄，有可能在装潢吊顶过程中被吊杆打中，影响使用。

③ 不适合楼层中信息点特别多的场合。如果一个楼层中有 500 个信息点，按 70 型线槽穿 25 根线计算，需 20 根 70 型线槽。线槽之间留有一定空隙，每根线槽大约占 10cm 宽度，那么 20 根线槽就要占 2.0m 的宽度。除门可走 6~10 根线槽外，还需要在墙上开 1.0~1.4m 的洞，但弱电井的墙一般是承重墙，开这样大的洞是不允许的。另外，随着地面线槽数量的增多，它们被吊杆打中的风险也会相应增大。因此，当一个楼层中的信息点超过 300 个时，建议同时采用地面线槽与吊顶内线槽两种方式，以减轻地面线槽的压力。

④ 不适合石质地面。地面出线盒宛如大理石地面长出了几只不合时宜的"眼睛"，地面线槽的路由应避免经过石质地面或不在其上放出线盒与分线盒。

⑤ 造价较贵。

任务三　配线子系统的施工与测试

学习任务

完成 PVC 管槽和线槽的安装，如图 3-8 所示。

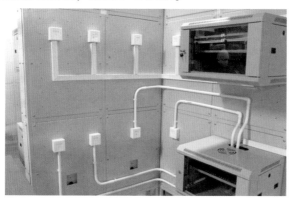

图 3-8　PVC 管槽和线槽的安装

基础任务：完成一条 PVC 管槽和线槽的安装。

选做任务：完成四条 PVC 管槽和线槽的安装。

📄 知识链接

一、配线子系统的布线工程与施工

1. 配线子系统布线的标准和要求

《综合布线系统工程设计规范》（GB 50311—2016）对配线子系统布线的安装工艺提出了具体要求。配线子系统线缆宜采用在吊顶、墙体内穿管或设置金属密封线槽及开放式（电缆桥架、吊挂环等）敷设，当线缆在地面布放时，应根据环境条件选用地板下线槽、网络地板、高架（活动）地板布线等安装方式。

2. 配线子系统布线距离的计算

配线子系统永久链路的长度小于 90m，只有个别信息点的布线长度会接近这个最大长度，一般设计的平均长度都在 60m 左右。在实际工程应用中，因为拐弯、中间预留、线缆缠绕或与强电避让等原因，实际布线的长度往往会超过设计长度。例如，土建墙面的埋管一般是直角拐弯，实际布线的长度比斜角要大一些。因此，在计算工程用线总长度时，要考虑一定的余量。

3. 确定电缆的长度

要计算整栋楼的水平布线用线量，首先应计算出每个楼层的用线量，然后对各楼层的用线量进行汇总。每个楼层的用线量可按式（3-4）计算。

$$C=[0.55\times(F+N)+6]\times M \tag{3-4}$$

式中　C——每个楼层的用线量；

F——最远的信息插座离楼层管理间的距离；

N——最近的信息插座离楼层管理间的距离；

M——每层楼信息插座的数量；

6——端对容差（主要考虑施工时线缆的损耗、线缆布设长度误差等因素）。

整栋楼的用线量可按式（3-5）计算。

$$S=\sum nC \tag{3-5}$$

式中　n——楼层数；

C——每个楼层的用线量。

4. 配线子系统的布线曲率半径

布线施工中布线曲率半径直接影响永久链路的测试指标。布线曲率半径小于标准规定时，表示永久链路测试不合格，尤其在6类布线系统中，曲率半径对测试指标的影响非常大。

布线施工中穿线和拉线时线缆拐弯曲率半径往往是最小的。一个不符合曲率半径要求的拐弯经常会破坏整段线缆的内部物理结构，甚至严重影响永久链路的传输性能，使得在竣工测试中，永久链路多项测试指标不合格。这种影响往往是永久性的、无法恢复的。

在布线施工拉线过程中，线缆宜与管中心线尽量相同。如图3-9所示，以现场允许的最小角度按照 A 方向或者 B 方向拉线，确保线缆没有拐弯，从而保持较大的曲率半径。这样做不仅施工轻松，还能够有效避免线缆护套和内部结构的破坏。

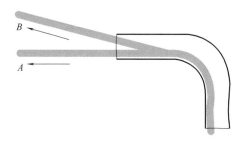

图 3-9　布线施工拉线正确示意图

在布线施工拉线过程中，线缆不应与管口形成90°拉线。如图3-10所示，拉线时在管口形成了一个90°的直角拐弯，这种直角拐弯不仅使施工时拉线困难、费力，还极易造成线缆护套和内部结构的破坏。

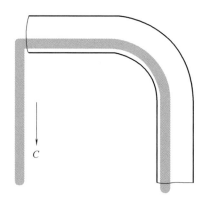

图 3-10　布线施工拉线错误示意图

在布线施工拉线过程中，必须坚持直接手持拉线。不允许将线缆缠绕在手中或者缠绕在工具上拉线，也不允许用钳子夹住线缆中间拉线，这样操作时缠绕部分的曲率半径会非常小，从而导致夹持部分结构变形，直接破坏线缆护套或内部结构。

当布线距离较长或拐弯较多，手持拉线非常困难时，可以将线缆的端头捆扎在穿线器端头或铁丝上，用力拉穿线器或铁丝。线缆穿好后，将被捆扎的部分剪掉。

穿线时，一般从信息点向楼道或楼层机柜穿线，一端拉线，另一端必须有专人放线和护线。保持线缆在管入口处的曲率半径较大，避免线缆在入口或者箱内打折形成死结或者曲率半径很小。

5. 配线子系统暗埋线缆的安装和施工

配线子系统暗埋线缆的施工顺序如图 3-11 所示。

墙内暗埋管一般使用 $\phi16$ 或 $\phi20$ 的穿线管，$\phi16$ 管内最多穿两条双绞线，$\phi20$ 管内最多穿三条双绞线。

图 3-11　配线子系统暗埋线缆的施工顺序

金属管一般使用专门的弯管器成型，拐弯半径较大，能够满足双绞线对曲率半径的要求。在钢管现场截断和安装施工时，必须清理干净截断钢管时出现的毛刺，保持截断端面的光滑；两根钢管对接时，必须保持接口整齐，没有错位；焊接时，不要焊透管壁，避免在管内形成焊渣。金属管内的毛刺、错口、焊渣、垃圾等都会影响穿线，甚至损伤线缆护套或内部结构。

墙内暗埋 $\phi16$、$\phi20$ 的 PVC 管时，要特别注意拐弯处的曲率半径。宜用弯管器在现场制作大拐弯的弯头进行连接，这样既能保证线缆的曲率半径，又便于轻松拉线，降低布线成本，保护线缆的结构。

如图 3-12 所示，以在 $\phi20$ 的 PVC 管内穿线为例，计算曲率半径。根据《综合布线系统工程设计规范》（GB 50311—2016）的规定，非屏蔽双绞线拐弯处的曲率半径不小于电缆外径的 4 倍。若电缆外径按 6mm 计算，则拐弯处的曲率半径必须大于 24mm。

拐弯连接处不宜使用直接从市场上购买的弯头。目前，市场上没有适合网络综合布线使用的大拐弯 PVC 弯头，只有适合电气和水管使用的 90°弯头，这是因为塑料件注塑脱模，无法生产大拐弯的 PVC 弯头。

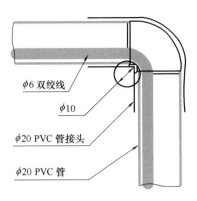

$\phi6$ 双绞线

$\phi10$

$\phi20$ PVC 管接头

$\phi20$ PVC 管

图 3-12　弯头在拐弯处的曲率半径

二、综合布线管槽施工

在布线过程中，尽管两点之间的直线距离最短，且布线目标追求最短和最便捷的路径，但实际敷设电缆的布线工作并不一定容易实现。即使找到最短路径，也不一定就是最佳的便捷路由。在选择布线路由时，应考虑施工的便利性和可操作性。有时候，选择较长的路由反而能够省去许多复杂的安装工序。只要线路长度在允许的范围内，即使花费更多的线缆也是值得考虑的。对于有经验的安装人员来说，他们更倾向于使用额外的100m 线缆，而非增加 10 个工时。因为通常情况下，材料成本要比劳动力成本更为经济。

在规划布线时，通常会在每一层选择合适的路由进行布线，这是常见的思路。然而，也可以考虑两层共用一层天花板的布线方法，以减少材料和空间的占用。最终选择哪种布线方式，需要根据具体工程情况，权衡施工工序的复杂性和成本效益，选择最为简单且经济的方案。

1. 配线子系统明装线槽布线的施工

配线子系统明装线槽布线的施工一般从安装信息点插座底盒开始，具体顺序如图 3-13所示。

图 3-13　配线子系统明装线槽布线的施工顺序

墙面明装布线时宜使用 PVC 线槽，因为它在拐弯处的曲率半径容易保证。如图 3-14所示，以宽度为 20mm 的 PVC 线槽为例，单根直径为 6mm 的双绞线线缆在线槽中布线的最大曲率半径为 45mm（直径 90mm），是双绞线直径的 7.5 倍。

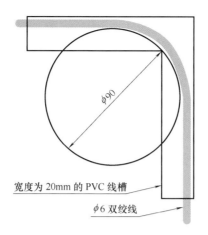

宽度为 20mm 的 PVC 线槽

$\phi 6$ 双绞线

图 3-14　使用 PVC 线槽明装布线

安装线槽前，应先在墙面测量并标出线槽的位置。对于在建工程，以 1m 线为基准，保证水平安装的线槽与地面或楼板平行，垂直安装的线槽与地面或楼板垂直，没有可见的偏差。在拐弯处，宜使用 90°弯头或者三通，线槽端头应安装专门的堵头。

安装线槽时，应用水泥钉或者自攻螺钉将线槽固定在墙面上，固定距离为 300mm 左右，以确保线槽长期牢固。同时，两根线槽之间的接缝必须小于 1mm，盖板接缝宜与线槽接缝错开。

线槽布线时，应先将线缆布放到线槽中，并同时安装线槽盖板。在拐弯处，应保持线缆具有较大的曲率半径。完成盖板安装后，应避免再次拉线，因为拉线力量过大会改变线槽拐弯处的线缆曲率半径。

2. 配线子系统桥架布线的施工

配线子系统桥架布线一般用在楼道或者吊顶上，其施工顺序如图 3-15 所示。

图 3-15　配线子系统桥架布线的施工顺序

配线子系统在楼道墙面宜安装较大的塑料线槽，如宽度为 60mm、100mm、150mm 的白色 PVC 线槽。线槽的具体宽度必须根据需要容纳的双绞线的数量确定，应选择常用的标准线槽规格，避免使用非标准规格。安装线槽前，应先根据各个房间信息点出线管口在楼道的高度，确定楼道大线槽的安装高度并且画线。然后按照每米 2~3 处将线槽固定在墙面上，楼道线槽的高度宜遮盖墙面管出口，并且在线槽遮盖的管出口处开孔，如图 3-16 所示。

当各个信息点管出口在楼道墙面上的高度偏差较大时，宜将线槽安装在管出口的下方，并将双绞线通过弯头引入线槽，如图 3-17 所示。这种做法施工方便，外形也比较美观。

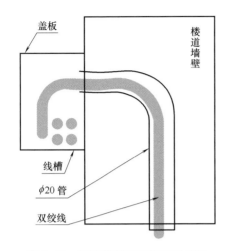

图 3-16　在线槽遮盖的管出口处开孔

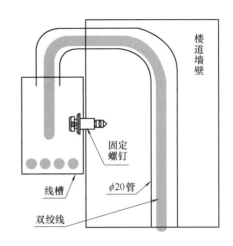

图 3-17　各个信息点管出口在楼道墙面
上的高度偏差较大时的做法

将楼道墙面上的全部线槽固定好后，再将各个管口的出线逐一放入线槽，并同时安装线槽盖板。布线时应保持拐弯处具有较大的曲率半径。

在楼道墙面上安装金属桥架前，应先根据各个房间信息点出线管口在楼道的高度，确定楼道桥架的安装高度并且画线。然后按照每米 2~3 个的标准安装 L 形支架或者三角形支架。支架安装完毕后，用膨胀螺栓将桥架固定在每个支架上，并且在桥架对应的管出口处开孔，如图 3-18 所示。

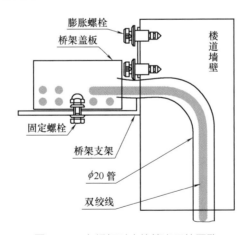

图 3-18　在桥架对应的管出口处开孔

当各个信息点管出口在楼道墙面上的高度偏差较大时，也可以将桥架安装在管出口的下方，并将双绞线通过弯头引入桥架。

在楼板上吊装桥架时，应先确定桥架安装的高度和位置，并且安装膨胀螺栓和吊杆，然后安装挂板和桥架，同时将桥架固定在挂板上，最后在桥架开孔和布线，如图3-19所示。

将线缆引入桥架时，必须穿保护管，并且要保持较大的曲率半径。

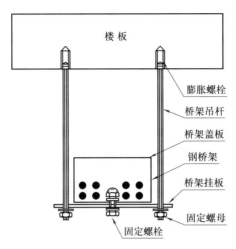

图3-19　在楼板上吊装桥架

3. 布线拉力

从理论上讲，线缆的直径越小，拉线的速度越快。但是在实际操作中，有经验的安装人员一般会采用慢速且平稳的拉线方式，而非快速拉线，因为快速拉线往往会造成线缆缠绕或被绊住。

值得注意的是，拉力过大时，线缆易变形，会破坏电缆对绞的匀称性，导致线缆的传输性能下降。同时，拉力过大还会使线缆内的扭绞线对层数发生变化，严重影响线缆的抗干扰性。

为了确保线缆的安全性和稳定性，规范对线缆的最大允许拉力做出了规定。1根4对线电缆，最大允许拉力为100N；2根4对线电缆，最大允许拉力为150N；3根4对线电缆，最大允许拉力为200N。依此类推，n根4对线电缆，最大允许拉力为（$n \times 5 + 50$）N。无论多少根线对电缆，最大允许拉力不能超过400N。

4. 电力电缆距离

在配线子系统布线的施工中，必须考虑与电力电缆之间的距离，不仅要考虑墙面明装的电力电缆，还要考虑在墙内暗埋的电力电缆。

知识拓展

安全施工是施工过程的重中之重。施工现场的工作人员必须严格按照安全生产、文

明施工的要求，积极推行施工现场的标准化管理，按照施工组织的设计，科学组织施工。施工现场的全体人员必须严格执行《中华人民共和国建筑法》《中华人民共和国安全生产法》《建设工程质量管理条例》和《建设工程安全生产管理条例》。使用电气设备、电动工具时应有可靠的保护接地，随身携带和使用的工具应搁置于顺手、稳妥的地方，防止发生事故。

在综合布线施工过程中，电动工具的使用尤为频繁，如使用电锤打过墙洞、开孔安装线槽等。使用电锤前，必须对其进行全面的检查。在施工过程中，不能用身体顶住电锤。在打过墙洞或开孔时，务必先确定墙内是否有梁，打孔时必须避开梁的位置，因为梁是重要的承重构件，一旦被损坏，将会延误工期。打孔前，还需要确定墙面内是否有其他线路，如强电线路等。

使用充电式电钻的注意事项如下：

① 电钻属于高速旋转工具，必须谨慎使用，保护人身安全。

② 禁止用电钻在工作台、实验设备上打孔。

③ 禁止使用电钻玩耍。

④ 首次使用电钻时，必须阅读说明书，并且在老师的指导下进行操作。

⑤ 装卸劈头或者钻头时，必须注意旋转方向。逆时针方向旋转即卸钻头或者劈头，顺时针方向旋转即拧紧钻头或者劈头。将钻头装进卡盘时，应适当地旋紧套筒。如不将套筒旋紧，钻头将会滑动或脱落，从而引起事故。

⑥ 请勿连续使用充电器。每次充电后，须等待 15 分钟左右，让电池降温后再进行第二次充电。每台电钻配备两块电池，建议轮流使用，一块使用，另一块充电。

⑦ 电池充电不可超过 1 小时。通常情况下，电池在充电 1 小时后即可完全充满。此时，应立即将充电器电源插头从交流电插座中拔出。充电时，应注意观察充电器指示灯，红灯亮起表示正在充电。

⑧ 切勿使电池短路。电池短路时，会造成很大的电流和过热现象，从而烧坏电池。

⑨ 在墙壁、地板或天花板上钻孔时，应确认这些地方没有暗埋的电线和钢管等设施。

在施工过程中，所使用的高凳、梯子、人字梯、高架车等，在使用前必须认真检查其牢固性。梯外端应采取防滑措施，不得垫高使用。在通道处使用梯子，应有人监护或设围栏。人字梯距梯脚 40~60cm 处要设拉绳，施工时，不得站在梯子的最高层工作，且严禁在人字梯最高层放置工具和材料。

若发生安全事故，应先由安全员查明原因，提出改进措施，然后上报项目经理，由项目经理负责与有关方面协商处理。在发生重大安全事故后，应立即报告有关部门和业主，并按政府有关规定处理，做到"四不放过"，即"事故原因未查明不放过，责任人未处理不放过，整改措施未落实不放过，有关人员未受到教育不放过"。

在整个施工过程中，安全生产领导小组负责现场施工的安全检查和督促工作，并做好记录。

项目四　管理间子系统

 学习目标

1. 管理间子系统是确保整个建筑智能化系统有序运行的关键环节，应掌握其管理原理、功能布局以及运维策略。

2. 通过深入学习，熟练配置和管理各类设备，确保系统的稳定运行。

3. 培养对潜在问题的预见能力和快速响应能力，提升整个管理间子系统的运行效率和安全性。

任务一　认识管理间子系统

学习任务

1. 掌握管理间子系统的国家标准和规范。
2. 绘制管理间子系统平面图。
3. 熟悉分配线架。

知识链接

图 4-1 所示为楼层分配线架平面图。

在综合布线系统中，管理间子系统包括楼层配线间、二级交接间、建筑物设备间的线缆、配线架及相关接插跳线等。通过综合布线系统的管理间子系统，可以直接管理整个应用系统终端设备，从而实现综合布线的灵活性、开放性和扩展性。

管理间（电信间）主要是楼层安装配线设备（为机柜、机架、机箱等安装方式）和

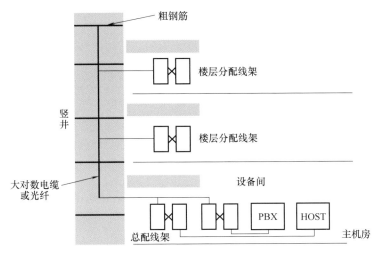

图 4-1　楼层分配线架平面图

计算机网络设备（Hub 或 SW）的场地。管理间中可以设置线缆竖井、等电位接地体、电源插座、UPS 配电箱等设施。当场地面积足够时，也可设置建筑物安防、消防、建筑设备监控系统、无线信号等系统的布缆线槽和功能模块。如果综合布线系统与弱电系统设备设在同一场地，从建筑结构的角度出发，一般也称该场地为弱电间。

　　如今，许多建筑物在综合布线时都考虑在每一个楼层设立一个管理间，用来管理该楼层的信息点，改变了以往多个楼层共享一个管理间子系统的做法。这不仅是综合布线系统设计的一项显著改进，还是综合布线的发展趋势。

　　管理间子系统设置在楼层配线房间，是配线子系统电缆端接的场所，也是干线子系统电缆端接的场所。用户可以在管理间子系统中更改、增加、交接、扩展线缆，从而改变线缆路由。

　　管理间子系统中以配线架为主要设备，配线设备可直接安装在 19″（英寸）的机架或者机柜上。管理间房间的大小通常根据信息点的数量进行安排和确定，如果信息点较多，应采用一个单独的房间放置设备；如果信息点较少，也可以考虑在墙面安装机柜的方式。

知识拓展

　　进一步了解管理间子系统的最新技术和发展趋势。例如，随着智能化和自动化技术的不断发展，管理间子系统可以引入智能管理系统，实现对布线系统的远程监控和自动管理。此外，还可以关注新型配线架、交换机等设备的研发和应用情况，以及这些设备如何提升管理间子系统的性能和可靠性。

任务二　管理间子系统的设计

学习任务

独立完成管理间子系统的设计。

基础任务：独立完成宿舍楼管理间子系统的设计（BIM 模型）。

选做任务：独立完成办公楼管理间子系统的设计（BIM 模型）。

知识链接

一、管理间子系统设计要点

管理间子系统的设计要点如下：

① 管理间子系统宜采用单点管理双交接。交接场的结构取决于工作区、综合布线系统规模和选用的硬件。当为管理规模大、结构复杂、有二级交接间的子系统时，才会设置双点管理双交接。在管理点，应根据应用环境用标记插入条标出各个端接场。单点管理位于设备间中的交换机附近，通过线路不需要进行跳线管理，直接连接至用户房间或服务器接线间中的第二个接线交接区。双点管理除交接间外，还要设置第二个可管理的交接，即双交接。这种双交接为经过二级交接设备，通过在各色标场之间连接跨接线或插接线来实现每个交接区的线路管理。这些色标用来标明该场是干线电缆、配线电缆，还是设备端接点；这些场通常分别分配给指定的接线块，而接线块则按垂直或水平结构进行排列。

② 交接区应有良好的标记系统，如建筑物名称、建筑物位置、区号、起始点和功能等标记。

③ 交接间及二级交接间的本线设备宜采用色标来区分各类用途的配线区。

④ 交接设备连接方式的选用宜符合下列规定：对楼层上的线路进行较少修改、移位或重新组合时，宜使用夹接线方式；在经常需要重组线路时，宜使用插接线方式。

⑤ 在交接场之间应预留出空间，以便容纳未来扩充的交接硬件。

二、管理间子系统设计

管理间子系统一般根据楼层信息点的总数量和分布密度进行设计。首先，按照各个工作区子系统的需求，确定每个楼层工作区信息点的总数量；然后，确定配线子系统线缆的长度；最后，确定管理间的位置，完成管理间子系统的设计。

1. 需求分析

管理间的需求分析围绕单个楼层或者附近楼层的信息点数量和布线距离进行，各个楼层的管理间最好安装在同一个位置。当不同楼层的功能存在差异时，也可以考虑将功能不同的楼层的管理间安装在不同的位置。根据点数统计表分析每个楼层的信息点总数量，然后估算每个信息点的线缆长度（应特别注意最远信息点的线缆长度），列出最远和最近信息点线缆的长度。宜将管理间布置在信息点的中间位置，同时保证各个信息点双绞线的长度不超过90m。

2. 技术交流

在完成需求分析后，应与用户进行技术交流，不仅要与用户方的技术负责人交流，也要与项目或者行政负责人交流，进一步充分并广泛了解用户的需求，特别是未来的扩展需求。交流时应重点了解规划在管理间子系统附近的电源插座、电力电缆、电气管理等情况。在技术交流过程中必须进行详细的书面记录，每次交流结束后及时整理书面记录，这些书面记录是初步设计的依据。

3. 阅读建筑物设计图纸及管理间的命名和编号

在确定管理间位置前，获取并认真阅读建筑物设计图纸是必要的。通过阅读建筑物设计图纸，掌握建筑物的土建结构、强电路径、弱电路径，特别是主要电气管理和电源插座的安装位置，重点掌握管理间附近的电气管理、电源插座、暗埋管线等。阅读建筑物设计图纸时，应进行记录或者标记，这种做法不仅有助于将网络和电话等插座设计在合适的位置，还能有效避免强电或者电气管理对网络综合布线系统的影响。

进行管理间子系统设计时，管理间的命名和编号也是非常重要的一项工作，因为它直接涉及每条线缆的命名。因此，管理间的命名和编号必须准确清楚地表达该管理间的位置或者用途。其名称和编号从项目设计阶段的开始到竣工验收及后续维护都必须保持一致。如果项目投入使用后，用户需要改变名称或者编号，必须及时制作名称或编号变更对应表，并作为竣工资料保存。

管理间子系统使用色标来区分配线设备的性质，应标明端接区域、物理位置、编号、容量、规格等，以便维护人员在现场迅速且准确地加以识别。同时，电缆和光缆的两端应使用不易脱落和磨损的不干胶条标明相同的编号。

管理间子系统的标识编制，应按以下原则进行：

① 规模较大的综合布线系统应采用计算机进行标识管理，简单的综合布线系统应按图纸资料进行管理，并应做到记录准确、及时更新、便于查阅。

② 综合布线系统的每条电缆、光缆、配线设备、端接点、安装通道和安装空间均应给定唯一的标志。标志中可包括名称、颜色、编号、字符串或其他组合。

③ 配线设备、线缆、信息插座等硬件均应设置不易脱落和磨损的标识，并应有详细的书面记录和图纸资料。

④ 同一条线缆或者永久链两端的编号必须相同。

⑤ 设备间、交接间的配线设备宜采用统一的色标来区分各类用途的配线区。

4. 设计要点

（1）管理间数量的确定

每个楼层一般宜至少设置一个管理间。如果每层信息点的数量较少，且水平线缆的长度不大于90m，宜几个楼层合设一个管理间。在规划管理间数量时，如果该层信息点的数量不大于400个，水平线缆的长度在90m以内，宜设置一个管理间，当超出这个范围时宜设置两个或多个管理间。

在实际工程应用中，为了方便管理和保证网络传输速度或者节约布线成本，可以调整管理间的设置原则。例如，学生公寓的信息点密集，使用时间集中，楼道较长，可以按照每100~200个信息点设置一个管理间，将管理间机柜明装在楼道内。

（2）管理间的面积

根据《综合布线系统工程设计规范》（GB 50311—2016），管理间的使用面积不应小于5m²，这一标准也可根据工程中配线管理和网络管理的容量进行灵活调整。新建楼房通常会配备专门的垂直竖井，楼层的管理间基本都设计在建筑物竖井内，面积在3m²左右。在一般小型网络综合布线系统工程中，管理间的设置可能更为简化，有时可能只是一个网络机柜。

一般对旧楼增加网络综合布线系统时，可以将管理间设置在楼道中间位置的办公室内，也可以采取壁挂式机柜直接明装在楼道内，作为楼层管理间。

管理间安装落地式机柜时，机柜前面的净空不应小于800mm，后面的净空不应小于600mm，以方便施工和维修。安装壁挂式机柜时，一般在楼道内的安装高度不小于1.8m。

（3）管理间电源要求

管理间应提供不少于两个 220V 带保护接地的单相电源插座。若管理间需要安装电信管理或其他信息网络管理时，管理供电应符合相应的设计要求。

（4）管理间对门的要求

管理间应采用外开丙级防火门，门宽应大于 0.7m。

（5）管理间对环境的要求

管理间内的温度应为 10~35℃，相对湿度宜为 20%~80%。考虑到网络交换机等设备发热会对管理间的温度产生影响，因此，在夏季必须保持管理间内的温度不超过 35℃。

5. 铜缆布线管理间子系统设计

铜缆布线系统的管理间子系统主要采用 110 配线架或 BIX 配线架作为语音系统的管理器件，采用模块数据配线架作为计算机网络系统的管理器件。下面通过实例说明铜缆布线管理间子系统的设计过程。

【例 1】 已知某建筑物的某一楼层有计算机网络信息点 100 个，语音点 50 个，试计算楼层配线间所需要使用 IBDN（楼宇综合布线系统）的 BIX（配线架）安装架的数量及型号，以及 BIX 条的数量。（IBDN BIX 安装架的规格有 50 对、250 对、300 对。常用的 BIX 条为 1A4，可连接 25 对线。）

【解】 根据题目可知总信息点为 150 个。

① 总的水平线缆总线对数 = 150×4 = 600（对）。

② 配线间需要的 IBDN BIX 安装架的数量及型号：2 个 300 对的 IBDN BIX 安装架。

③ BIX 安装架所需的 1A4 的 BIX 条数量 = 600/25 = 24（条）。

【例 2】 已知某建筑物的计算机网络信息点数为 200 个且全部汇接到设备间，在设备间中应安装何种规格的 IBDN 模块化数据配线架？数量是多少？（IBDN 的模块化数据配线架规格有 24 口、48 口。）

【解】 根据题目可知汇接到设备间的总信息点为 200 个，因此设备间的模块化数据配线架应提供不少于 200 个 RJ45 接口。

如果选用 24 口的模块化数据配线架，则设备间需要的配线架个数应为 9 个 [200/24≈8.3（个），向上取整应为 9 个]。

6. 光缆布线管理间子系统设计

光缆布线管理间子系统主要采用光缆配线箱和光缆配线架作为光缆管理器件。下面通过实例说明光缆布线管理间子系统的设计过程。

【例 1】 已知某建筑物中某一楼层采用光缆到桌面的布线方案，该楼层共有 40 个光缆信息点，每个光缆信息点均布设一根室内 2 芯多模光缆至建筑物的设备间。设备间的机柜内应安装何种规格的 IBDN 光缆配线架？数量是多少？需要多少个光缆耦合器？（IBDN 光缆配线架的规格有 12 口、24 口和 48 口。）

【解】 根据题目可知共有 40 个光缆信息点。由于每个光缆信息点需要连接一根 2 芯光缆，因此设备间配备的光缆配线架应提供不少于 80 个接口。

① 考虑网络以后的扩展，可以选用 3 个 24 口的光缆配线架和 1 个 12 口的光缆配线架。

② 光缆配线架配备的光缆耦合器的数量与需要连接的光缆芯数相等，为 80 个。

【例 2】 已知某校园网分为 3 个片区，各片区的机房需要布设一根 24 芯的单模光缆至网络中心机房，以构成校园网的光缆骨干网络。网管中心机房为管理好这些光缆应安装何种规格的光缆配线架？数量是多少？需要多少个光缆耦合器？需要订购多少根光缆跳线？

【解】 根据题目可知各片区的光缆合在一起总共有 72 根缆芯，因此网管中心的光缆配线架应提供不少于 72 个接口。

① 由以上接口数可知网管中心应配备 24 口的光缆配线架 3 个。

② 光缆配线架配备的光缆耦合器数量与需要连接的光缆芯数相等，为 72 个。

③ 光缆跳线用于连接光缆耦合器与交换机光缆接口，因此光缆跳线的数量与光缆耦合器的数量相等，为 72 根。

知识拓展

管理间子系统的设计应满足当前和未来的需求，并考虑到可扩展性和灵活性。在规划管理间子系统时，需要确定管理间的位置和数量，以及每个管理间所服务的区域和楼层。同时，还需要考虑管理间内设备的布局和走线方式，以确保设备的散热、维护和管理的便利性。

任务三　管理间子系统的施工与测试

学习任务

1. 独立完成分配线架的安装与测试。

2. 按小组进行分配，完成机柜的安装。

知识链接

管理间子系统设备的安装要求如下。

1. 机柜的安装

一般情况下，综合布线系统的配线设备和计算机网络设备采用 19″标准机柜安装。机柜尺寸通常为 600mm×900mm×2000mm（宽×深×高），共有 42U 的安装空间。机柜内可安装光纤连接盘、RJ45（24 口）配线模块、多线对卡接模块（100 对）、理线架、计算机 Hub/SW 设备等。如果按建筑物每层电话和数据信息点各为 200 个考虑配置上述设备，大约需要 2 个 19″（42U）的机柜空间，以此测算的电信间面积至少应为 5m² （2.5m× 2.0m）。对于涉及布线系统设置内、外网或专用网时，19″机柜应分别设置，并在保持一定间距的情况下预测电信间的面积。

对于管理间子系统来说，多数情况下采用 6~12U 壁挂式机柜，一般安装在每个楼层的竖井内或者楼道中间位置，如图 4-2 所示。安装时，应采用三脚架或者膨胀螺栓固定机柜。

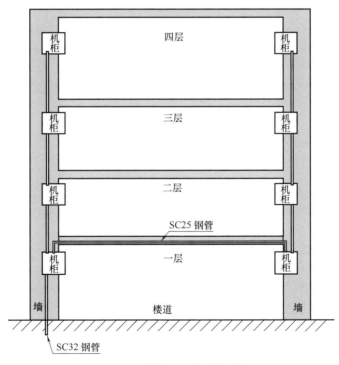

图 4-2　壁挂式机柜的安装位置

2. 电源的安装

管理间的电源一般安装在网络机柜的旁边，应安装 220V（三孔）电源插座。如果是新建建筑，一般要求在土建施工过程中按照弱电施工图上标注的位置安装到位。

3. 通信跳线架的安装

通信跳线架主要用于语音配线系统。一般采用 110 跳线架，它主要是上级程控交换机过来的接线与到桌面终端的语音信息点连接线之间的连接和跳接部分，便于系统的管理、维护和测试。

通信跳线架的安装步骤如下：

第一步：取出 110 跳线架和附带的螺钉。

第二步：利用十字螺钉旋具把 110 跳线架用螺钉直接固定在网络机柜的立柱上。

第三步：理线。

第四步：按打线标准把每个线芯按照顺序压在跳线架下层模块端接口中。

第五步：把五对连接模块用力垂直压接在 110 跳线架上，完成下层端接。

4. 网络配线架的安装

网络配线架的安装要求如下：

① 在机柜内部安装配线架前，首先要进行设备位置的规划或按照设计图的规定（图 4-3）确定位置。规划或确定设备位置时，应统一考虑机柜内部的跳线架、配线架、理线环等设备，确保其位置合理。此外，还应考虑配线架与交换机之间跳线的方便性。

图 4-3 机柜内设备安装位置图

② 采用地面出线方式时，线缆通常从机柜底部穿入机柜内部，配线架宜安装在机柜下部；采用桥架出线方式时，线缆通常从机柜顶部穿入机柜内部，配线架宜安装在机柜上部；采用从机柜侧面穿入机柜内部方式时，配线架宜安装在机柜中部。

③ 配线架应该安装在左右对应的孔中，水平误差不大于 2mm 且不允许左右孔错位安装。

网络配线架的安装步骤如下：

第一步：检查配线架和配件是否完整。

第二步：将配线架安装在机柜设计位置的立柱上。

第三步：理线。

第四步：端接打线。

第五步：做好标记，安装标签条。

安装配线架时，其位置应在机柜中间偏下方，方向应为插水晶头面向外。安装时应注意水平安装并将其固定。

向配线架打线时，应注意线序统一（按色块指示等）。同时，注意打线工具与配线架垂直，确保各线缆之间无交叉。在打线过程中，还应特别注意各双绞线的位置并应对线缆进行整理。

5. 交换机的安装

在交换机安装前，首先检查产品外包装是否完整，然后进行开箱检查，逐一核对产品及其配套资料，并将这些资料妥善保存。通常情况下，开箱后的组件包括交换机、2 个支架、4 个橡胶脚垫和 4 个螺钉、1 根电源线、1 个管理电缆。

交换机的安装步骤如下：

第一步：从包装箱内取出交换机设备。

第二步：给交换机安装 2 个支架，安装时要注意支架方向。

第三步：将交换机放到机柜中预先设计好的位置，用螺钉将其固定到机柜立柱上。交换机上下通常要预留一定的空间，以便于空气流通和设备散热。

第四步：将交换机外壳接地，取出电源线并将其插在交换机后面的电源接口上。

第五步：完成上述操作后，打开交换机电源。在电源开启状态下，查看交换机是否出现抖动现象。若发现交换机抖动，应检查脚垫高低或机柜上固定螺钉的松紧情况。注意，拧螺钉时不宜过紧，否则会使交换机倾斜。同时，也不能过于松垮，否则会使交换机在运行过程中不稳定，进而导致工作状态下设备发生抖动。

6. 理线环的安装

理线环的安装步骤如下：

第一步：取出理线环及其配件（螺钉包）。

第二步：将理线环安装在网络机柜的立柱上。注意，在机柜内设备之间至少预留 1U 的空间，以便于设备散热。

7. 编号和标记

管理间子系统是综合布线系统的线路管理区域，该区域往往安装了大量的线缆、管理器件及跳线。为了方便以后线路的管理工作，管理间子系统的线缆、管理器件及跳线都必须做好标记，以标明位置、用途等信息。完整的标记应包含建筑物名称、位置、区号、起始点和功能信息。在综合布线系统中，通常采用电缆标记、场标记和插入标记，其中插入标记用途最广。

（1）电缆标记

电缆标记主要用于标明电缆的来源和去向。在电缆连接设备前，电缆的起始端和终端都应做好电缆标记。电缆标记由背面为不干胶的白色材料制成，可以直接贴到各种电缆表面，其尺寸和形状根据需要而定。例如，一根电缆从三楼的311房间的第1个计算机网络信息点拉至楼层管理间，则该电缆的两端应标记"311-D1"，其中"D"表示数据信息点。

（2）场标记

场标记又称为区域标记，一般用于设备间、配线间和二级交接间的管理器件上，以区别管理器件连接线缆的区域范围。场标记也由背面涂有不干胶的材料制成，可贴在设备醒目的平整表面上。

（3）插入标记

插入标记一般用于管理器件上，如110配线架、BIX安装架等。插入标记由硬纸片制成，可以插在1.27cm×20.32cm的透明塑料夹里，这些塑料夹可安装在两个110接线块或两根BIX条之间。每个插入标记都用色标来指明所连接电缆的源发地，这些电缆端接于设备间和配线间的管理场。对于插入标记的色标，综合布线系统有较为统一的规定，如表4-1所示。通过不同色标可以很好地区别各个区域的电缆，方便管理间子系统的线路管理工作。

表4-1　　　　　　　　　　　综合布线系统的插入标记规定

颜色	设备间	二级交换间	配线间
白色	干线电缆和建筑群间连接电缆	来自设备间干线电缆的点到点端接	来自设备间干线电缆端点
黄色	交换机的用户引出线或辅助装置的连接线路	—	—
蓝色	设备间至工作区或用户端线路	从交换间连接工作区的线路	到配线间I/O服务的工作区线路
绿色	网络接口的进线制，即电话局线路；或网络接口的设备侧，即中继/辅助场的总机中继线	—	—
灰色	端接与连接干线计算机房其他设备间电缆	来自配线间的连接电缆端接	到二级交换间的连接电缆

续表

颜色	设备间	二级交换间	配线间
橙色	来自配线间多路复用器的线路	来自二级交换间各区的连接电缆	来自配线间多路复用器的输出线路
红色	关键电话系统	—	—
紫色	来自系统共用设备(程控交换机或网络设备等)的连接线路	来自系统共用设备(程控交换机或网络设备等)的连接线路	来自系统共用设备(程控交换机或网络设备等)的连接线路

 知识拓展

图4-4所示为某校学生专业技能大赛——信息网络布线模块。

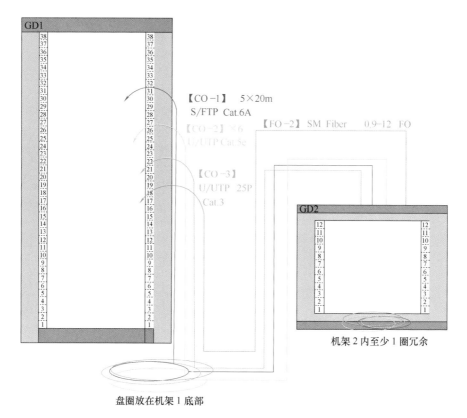

图4-4 某校学生专业技能大赛——信息网络布线模块

完成图4-4所示的结构化综合布线系统施工的工作任务，并完成端接、整理等任务。其中，线缆经过桥架布线，连接到两端的机架及机柜。

主要任务如下：

① 对6A类屏蔽双绞线、超5类非屏蔽双绞线、大对数电缆、室内光缆等进行布线工

作，并制作线缆主干标签标识。

② 对 6A 类屏蔽双绞线、超 5 类非屏蔽双绞线、大对数电缆、室内光缆等进行端接和安装等工作。

③ 安装 6A 类屏蔽配线架、超 5 类非屏蔽配线架、25 口语音配线架、24 口光纤配线架。将配线架分别安装在 BD 和 FD 中，具体安装位置可进行合理设计，并将规划好的安装位置在图 4-4 的 BD 和 FD 上进行计划绘制。

④ 对 6A 类屏蔽双绞线、超 5 类非屏蔽双绞线、大对数电缆、室内光缆等制作线缆标签以及设备标签等标签标识。

⑤ 制作跳线并插接到配线架上的指定端口，形成桥架上的多条线路来回连通，验证测试通断性能。

⑥ 按照施工规范进行布线、理线、捆扎、固定。

⑦ 测试说明：在两端配线架安装到位后，自行使用简易测试仪对所完成链路进行随工测试，并将链路通断结果记录在对应的记录表上。

项目五　干线子系统

学习目标

1. 干线子系统是建筑智能化系统的核心，它负责楼宇内部信息的高效传输，应深入了解其结构、功能及运作原理，掌握布线技术与标准，能够独立设计并实施高效的干线子系统方案。

2. 通过学习本项目，能够评估不同建筑环境的需求，选择合适的线缆、连接器和布线策略，确保数据、语音和图像的稳定传输。

3. 培养解决实际问题的能力，为构建智能化、高效能的现代建筑环境打下坚实的基础。

任务一　认识干线子系统

学习任务

1. 掌握干线子系统的国家标准和规范。
2. 绘制干线子系统平面图。

知识链接

总配线架和分配线架之间的系统就是干线子系统，也被称为垂直子系统，是建筑物内部综合布线系统的一个重要组成部分。它负责连接管理间子系统到设备间子系统，实现总配线架与分配线架、计算机、PBX、控制中心与各管理间子系统间的连接。这个子系统通常由光缆和支撑硬件组成，以实现高速、稳定的数据传输。

进行干线子系统设计时，需要注意以下几点：

① 干线子系统一般选用光缆，以提高传输速率。

② 干线子系统的结构应为星形拓扑结构，以便于管理和维护。

③ 干线子系统干线光缆的拐弯处应避免使用直角拐弯，而应该有相当的弧度，以避免光缆受损。同时，干线电缆和光缆布线的交接不应超过两次，从楼层配线到建筑群配线架间只应有一个配线架。

干线子系统是综合布线系统工程中非常重要的一个组成部分，它直接决定了每个信息点的稳定性和传输速度。因此，在干线子系统的设计和实施时需要特别注意，确保系统的性能和可靠性。

干线子系统布线的建筑方式主要有预埋管路、电缆竖井和上升房（又称交接间或干线间）等。实施时，应根据建筑物的结构和实际情况选择合适的方式。

 知识拓展

进一步了解干线子系统的设计和实施规范。例如，如何确定主干线路的走向和位置、如何选择合适的传输介质和连接方式、如何进行线路的保护和管理等。此外，还可以关注干线子系统的发展趋势和创新技术，如新型光纤技术的应用、高速数据传输技术的发展等，这些都将对干线子系统的性能和功能产生积极影响。

干线子系统在综合布线系统中具有十分重要的作用，它是连接各个子系统的桥梁和纽带，其性能和质量直接影响整个布线系统的通信效果和使用体验。因此，在实际工作中，应充分重视干线子系统的设计和实施，确保其能够满足当前和未来的通信需求。

任务二 干线子系统的设计

 学习任务

独立完成干线子系统的设计。

基础任务：独立完成宿舍楼干线子系统的设计（BIM 模型），如图 5-1 和图 5-2 所示。

选做任务：独立完成办公楼干线子系统的设计（BIM 模型）。

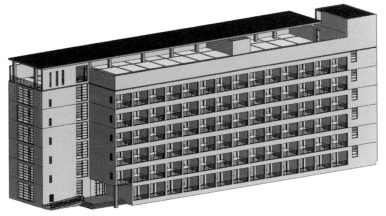

图 5-1　宿舍楼 BIM 模型

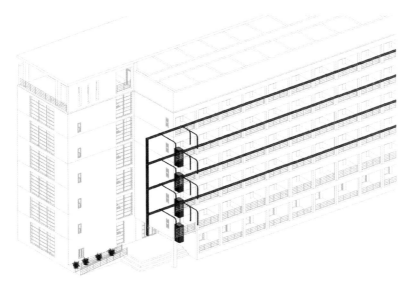

图 5-2　宿舍楼干线子系统模型

知识链接

一、干线子系统设计概述

干线子系统在综合布线系统中用于连接各配线室，以实现计算机设备、交换机、控制中心与各管理间子系统之间的连接。它主要包括主干传输介质和与介质终端连接的硬件设备。

干线子系统的任务是通过建筑物内部的传输电缆，将各个服务接线间的信号传送到设备间，直到传送到最终接口，再通往外部网络。干线子系统通常是星形拓扑结构。它必须满足当前的需要，又要适应今后的发展。

干线子系统包括以下内容：

① 供各条干线接线间之间的电缆走线用的竖向或横向通道。

② 主设备间与计算机中心间的电缆。

二、干线子系统设计要点

干线子系统的设计要点如下：

（1）确定每层楼和整栋楼的干线要求

在确定干线子系统所需要的电缆总对数之前，必须确定电缆中语音和数据信号的共享原则。对于基本型，每个工作区可选定 2 对双绞线；对于增强型，每个工作区可选定 3 对双绞线；对于综合型，每个工作区可在基本型或增强型的基础上增设光缆系统。

（2）确定从楼层到设备间的干线电缆路由

布线走向应选择干线电缆最短、最安全和最经济的路由。建筑物有封闭型和开放型两大类型的通道。封闭型通道是指一连串上下对齐的交接间，每层楼都有一间，电缆竖井、电缆孔、管道、托架等穿过这些房间的地板层，每个交接间通常还有一些便于固定电缆的设施和消防装置。开放型通道是指从建筑物的地下室到楼顶的一个开放空间，中间没有任何楼板隔开。在干线子系统的设计中，宜选择带门的封闭型通道敷设干线电缆，通风通道或电梯通道等开放型通道，不能敷设干线电缆。

（3）确定使用光缆还是双绞线

主干线是选用光缆还是双绞线，应根据建筑物的业务流量和有源设备的档次来确定。主干布线通常应当采用光缆，如果主干距离不超过 100m，并且网络设备主干连接采用 1000Base-T 端口接口时，从节约成本的角度考虑，可以采用 8 芯 6 类双绞线作为网络主干。

（4）确定干线接线间的接合方法

干线电缆通常采用点对点端接，也可采用分支递减端接或电缆直接连接的方法。点对点端接是最简单、最直接的接合方法，干线子系统每根干线电缆直接延伸到指定的楼层和交接间。分支递减端接是指使用 1 根大对数电缆作为主干，经过电缆接头保护箱分出若干根小电缆，分别延伸到每个交接间或每个楼层。当一个楼层的所有水平端接都集中在干线交接间或二级交接间显得局促时，在干线交接间完成端接时使用电缆直接连接的方法。

（5）确定干线线缆的长度

干线子系统应由设备间子系统、管理间子系统和配线子系统的引入口设备之间的相互连接电缆组成。

（6）确定敷设附加横向电缆时的支撑结构

综合布线系统中的干线子系统并非一定是垂直布置的。从概念上讲，它是楼群内的主干通信系统。在某些特定环境中，如在低矮而又宽阔的单层平面大型厂房中，干线子系统是平面布置的，它同样起着连接各配线间的作用。此外，在大型建筑物中，干线子系统可以由两级甚至更多级组成。

主干线敷设在弱电井内，其移动、增加或改变比较容易。很显然，一次性安装全部主干线是不经济也是不可能的。通常分阶段安装主干线，每个阶段为 3~5 年，以适应不断增长和变化的业务需求。当然，每个阶段的长短应视使用单位的稳定性和变化而定。

三、干线子系统的设计

干线子系统设计的步骤如下：首先，进行需求分析，与用户进行充分的技术交流并了解建筑物的用途；然后，认真阅读建筑物设计图纸，确定管理间的位置和信息点的数量；其次，进行初步规划和设计，确定每条干线系统的布线路径；最后，确定布线材料的规格和数量，列出材料的规格和数量统计表。干线子系统设计的一般工作流程如图 5-3 所示。

图 5-3　干线子系统设计的一般工作流程

1. 需求分析

需求分析是综合布线系统设计的首项重要工作，干线子系统是综合布线系统工程中最重要的一个子系统，它直接决定了每个信息点的稳定性和传输速度。干线子系统主要涉及布线路径、布线方式和材料的选择，对后续配线子系统的施工是非常重要的。

需求分析首先应按照楼层的高度进行，分析设备间到每个楼层管理间的布线距离、布线路径，逐步明确和确认干线子系统布线材料的选择。

2. 技术交流

在完成需求分析后，应与用户进行技术交流。不仅要与用户方的技术负责人交流，也要与项目或者行政负责人交流，进一步了解用户的需求，特别是未来的扩展需求。交流时应重点了解每个房间或者工作区的用途、要求运行环境等因素。在技术交流过程中必须进行详细的书面记录，每次交流结束后，应及时整理书面记录，这些书面记录是初步设计的依据。

3. 阅读建筑物设计图纸

进行干线子系统设计时，获取并认真阅读建筑物设计图纸是不能省略的程序。通过阅读建筑物设计图纸，掌握建筑物的土建结构、强电路径以及弱电路径，重点掌握在综合布线路径上的电气设备、电源插座、暗埋管线等。阅读建筑物设计图纸时，应进行记录或者标记，这些记录或标记有助于将网络竖井设计在合适的位置，避免强电或者电气设备对网络综合布线系统产生较大的影响。

4. 干线子系统的规划和设计

在综合布线系统中，干线子系统的线缆直接连接着数十个甚至数百个用户。因此，干线电缆一旦发生故障，将产生极为严重的影响。为此，必须高度重视干线子系统的设计工作。

根据综合布线的标准及规范，应按以下设计要求进行干线子系统的设计工作。

（1）确定干线线缆的类型及线对

干线子系统的线缆主要有铜缆和光缆两种类型，具体选择要根据布线环境的限制和用户对综合布线系统设计等级的考虑来确定。计算机网络系统的主干线缆可以选用 4 对双绞线电缆或 25 对大对数电缆或光缆，电话语音系统的主干电缆可以选用 3 类大对数双绞线电缆，有线电视系统的主干电缆一般采用 75Ω 同轴电缆。主干电缆的线对要根据水平布线的线缆对数以及应用系统的类型来确定。

干线子系统所需要的电缆总对数和光缆总芯数，应满足工程的实际需求，并留有适当的备份容量。主干线缆宜设置电缆与光缆，并互相作为备份路由。

（2）干线子系统路径的选择

干线子系统主干线缆应选择最短、最安全和最经济的路由。路由的选择要根据建筑物的结构以及建筑物内预留的电缆孔、电缆井等通道位置决定。

当电话交换机和计算机设备设置在建筑物内不同的设备间时，宜采用不同的主干电缆分别满足语音和数据的需要。

在建筑物若干设备间之间，设备间与进线间及同一层或各层电信间之间宜设置干线路由。

（3）线缆容量配置

主干电缆和光缆所需的容量要求及配置应符合以下规定：

① 对于语音业务，大对数主干电缆的对数应按每个电话 8 位模块通用插座配置 1 对线，并在总需求线对的基础上预留不小于 10%的备用线对。

② 对于数据业务，应按每台以太网交换机设置 1 个主干端口和 1 个备份端口配置。当主干端口为电端口时，应按 4 对线对容量配置；当主干端口为光端口时，应按 1 芯或 2 芯光纤容量配置。

③ 当工作区至电信间的水平光缆需要延伸至设备间的光配线设备（BD/CD）时，主干光缆的容量应包括所延伸的水平光缆光纤的容量。

④ 建筑物配线设备处各类设备线缆和跳线的配置应符合以下规定：电信间 FD 采用的设备线缆和各类跳线宜根据计算机网络设备的使用端口容量和电话交换系统的实装容量、业务的实际需求或信息点总数的比例进行配置，比例范围宜为 25%～50%。

各配线设备跳线可按以下原则选择与配置：

① 电话跳线宜按每根 1 对或 2 对对绞电缆配置，跳线两端连接插头采用 IDC 或 RJ45 型。

② 数据跳线宜按每根 4 对对绞电缆配置，跳线两端连接插头采用 IDC 或 RJ45 型。

③ 光纤跳线宜按每根 1 芯或 2 芯光纤配置，光纤跳线连接器件采用 ST、SC 或 SFF 型。

（4）干线子系统线缆敷设保护方式及要求

① 线缆不得布放在电梯或供水、供气、供暖管道竖井中，也不应布放在强电竖井中。

② 电信间、设备间、进线间之间的干线通道应连通。

（5）干线子系统干线线缆的交接

为了便于综合布线的路由管理，干线电缆、干线光缆布线的交接不应多于两次。从楼层配线架到建筑群配线架之间只应通过一个配线架，即建筑物配线架（在设备间内）。当综合布线只用一级干线布线进行配线时，放置干线配线架的二级交接间可以并入楼层配线间。

（6）干线子系统干线线缆的端接

干线电缆点对点端接方式如图 5-4 所示，其优点是可以在干线中采用较小、较轻、较灵活的电缆，不必使用昂贵的绞接盒。干线电缆分支递减端接方式如图 5-5 所示，其优点是干线中的主馈电缆总数较少，可节省空间。

（7）确定干线子系统通道的规模

干线子系统是建筑物内的主干电缆。在大型建筑物内，通常使用的干线子系统通道

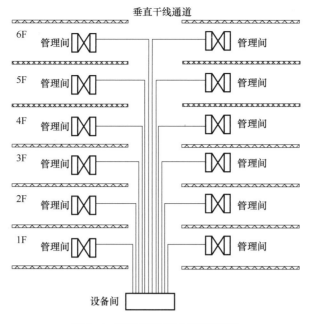

图5-4 干线电缆点对点端接方式

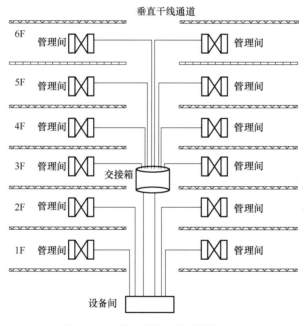

图5-5 干线电缆分支递减端接方式

由一连串穿过配线间地板且垂直对准的通道组成，穿过弱电间地板的线缆井和线缆孔。

确定干线子系统的通道规模，主要就是确定干线通道和配线间的数量。确定的依据是综合布线系统所要覆盖的可用楼层面积。如果给定楼层的所有信息插座都在配线间的75m范围之内，那么可采用单干线接线系统。单干线接线系统就是采用一条垂直干线通道，每个楼层只设一个配线间。如果有部分信息插座在配线间的 75m 范围之外，则要采用双通道干线子系统，或者采用经分支电缆与设备间相连的二级交接间。如果同一栋大楼的配线间上下不对齐，则可采用适当大小的线缆管道系统将其连通。

 **知识拓展**

干线子系统的设计是综合布线系统中的关键环节，涉及建筑物内部或建筑群之间的主干通信线路布局和规划。

随着技术的发展，新型光缆和电缆不断涌现，如多模光纤、单模光纤、高速以太网电缆等，这些新型传输介质具有更高的传输速率和更远的传输距离。通过引入智能配线架、智能管理系统等设备和技术，实现对干线子系统的远程监控和管理，提高管理效率和可靠性。在材料选择和施工方法上考虑环保因素，如使用低烟无卤电缆、减少废弃物的产生等，以降低对环境的影响。

干线子系统与配线子系统、管理间子系统等紧密关联。设计时，需要综合考虑各个子系统的需求和特点，以确保整个综合布线系统的最优性能。例如，管理间子系统的位置和数量会影响干线子系统的布局和容量规划；配线子系统的信息点数量和分布会影响干线子系统的主干线路规划和材料选择等。

任务三　干线子系统的施工与测试

 **学习任务**

1. 光纤的冷接：每人独立完成一条 FTTH 光纤的冷接。
2. 光纤的熔接：每人独立完成一条 FTTH 光纤的熔接。

知识链接

一、光纤概述

光纤通信系统是以光波为载体、以光纤为传输介质的通信方式。光缆是数据传输中最有效的一种传输介质，由光纤扎成束组成。

光纤和同轴电缆相似，区别为光纤没有网状屏蔽层。光纤的纤芯通常是由石英玻璃制成的横截面积很小的双层同心圆柱体，它质地脆，易断裂，因此需要外加一个保护层（外护套层）。光纤的结构如图 5-6 所示。

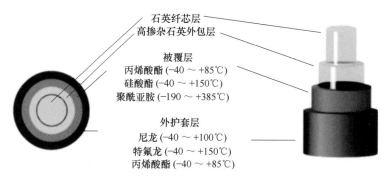

图 5-6 光纤的结构

二、光纤通信系统的优点

光纤作为一种传输媒介，它可以像一般铜缆一样，传送电话通话或计算机数据等资料。与一般铜缆不同的是，光纤传送的是光信号而非电信号。光纤通信已成为现阶段通信的支柱，具有以下优点：

① 传输频带宽、通信容量大，短距离时传输速率可达数个 Gbit/s。

② 线路损耗低、传输距离远。

③ 抗干扰能力强，应用范围广。

④ 线径细、质量小。

⑤ 抗化学腐蚀能力强。

⑥ 光纤制造资源丰富。

三、光纤的种类

光纤主要分为两大类，即单模光纤和多模光纤，如图 5-7 所示。

在网络工程中，一般采用 62.5μm/125μm 规格的多模光纤，有时也用 50μm/125μm 或 100μm/140μm 规格的多模光纤。户外布线大于 2km 时，可选用单模光纤。

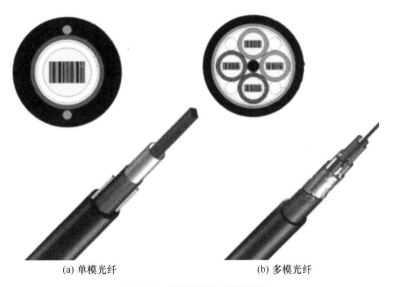

(a) 单模光纤 (b) 多模光纤

图 5-7 单模光纤和多模光纤

常用的光纤包括：

① 纤芯直径为 8.3μm，外层直径为 125μm 的单模光纤。

② 纤芯直径为 62.5μm，外层直径为 125μm 的多模光纤。

③ 纤芯直径为 50μm，外层直径为 125μm 的多模光纤。

④ 纤芯直径为 100μm，外层直径为 140μm 的多模光纤。

四、光纤连接器

与用铜缆连接器端接铜缆一样，光纤连接器是用来端接光缆的。但光纤连接器与铜缆连接器不同，它的首要功能是把两条光缆的纤芯对齐，提供低损耗的连接。光缆不能提供两条光缆之间的电气连接，连接器的对准功能使得光线可以从一条光缆进入另一条光缆或者通信设备。实际上，光纤连接器的对准功能必须非常精确。

光纤连接器为 male 式连接器，而 female 式连接器用在通信设备上。耦合器是将两条光缆连接在一起的设备，使用时将两个连接器分别插到光纤耦合器的两端。其作用是将两个连接器对齐，保证两个连接器之间有较低的连接损耗。

按照不同的分类方法，光纤连接器可以分为不同的种类。按照传输媒介的不同，可分为单模光纤连接器和多模光纤连接器；按照结构的不同，可分为 FC 型、SC 型、ST 型、SMA 型、LC 型、MU 型、D4 型、DIN 型、MT 型等多种类型；按照连接器插针端面的不同，可分为 FC 型、PC（UPC）型和 APC 型三种类型；按照光纤芯数的不同，可分为单芯连接器和多芯连接器。在实际应用中，一般按照光纤连接器结构的不同加以区分。下面介绍几种常用的光纤连接器。

1. FC 型光纤连接器

FC 型光纤连接器如图 5-8 所示，其外部加强方式采用金属套，紧固方式为螺钉扣。最早的 FC 型光纤连接器采用的陶瓷插针的对接端面是平面接触方式（FC）。这种连接器结构简单、操作方便、制作容易，但光纤端面对微尘较为敏感，且容易产生菲涅尔反射，提高回波损耗性能较为困难。后来，对该类型连接器做了改进，采用对接端面呈球面的插针（PC），而外部结构没有改变，使得插入损耗和回波损耗性能都有了较大的提高。

图 5-8　FC 型光纤连接器

2. SC 型光纤连接器

SC 型光纤连接器如图 5-9 所示，其外壳呈矩形，与 RJ45 相当，所采用的插针与耦合套筒的结构尺寸与 FC 型完全相同。其中，插针的端面多采用 PC 型或 APC 型研磨方式；紧固方式采用插拔销闩式，无须旋转。这种连接器价格低廉，插拔操作方便，介入损耗波动小，抗压强度高，安装密度高。SC 型光纤连接器主要用于连接两条光纤束，但它制作起来比较困难。

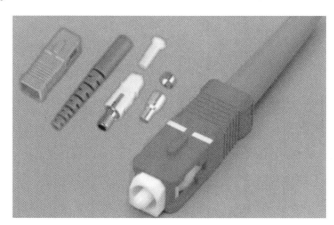

图 5-9　SC 型光纤连接器

3. ST 型光纤连接器

ST 型光纤连接器如图 5-10 所示，它在网络工程中最为常用，其中心是一个陶瓷套管，外壳呈圆形，所采用的插针与耦合套筒的结构尺寸与 FC 型完全相同。其中，插针的端面多采用 PC 型或 APC 型研磨方式；紧固方式为螺钉扣。安装时，必须先用机器或人工将光纤抛光，去掉所有的杂痕，然后将外壳旋转 90° 即可将插头连接到护套上。ST 型光纤连接器适用于各种光纤网络，它的操作简便，而且具有良好的互换性。

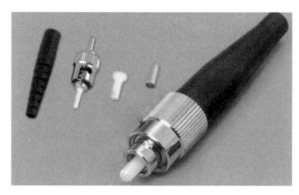

图 5-10　ST 型光纤连接器

4. SMA 型光纤连接器

SMA 型光纤连接器如图 5-11 所示，其外观与 ST 型光纤连接器相似，但 SMA 型光纤连接器的外壳连接采用螺纹，与护套连接方式更紧密，特别适合在有强烈震动的地方使用。如果使用两条光纤传输网络信号，使用 SMA 型光纤连接器时，在每个光纤上安装 1 个连接器。两个连接器的护套上分别有不同的颜色标记，以区别光纤束。

图 5-11　SMA 型光纤连接器

5. LC 型光纤连接器

LC 型光纤连接器如图 5-12 所示，它由著名的贝尔研究所研究开发，采用操作方便的模块化插孔闩锁机理制成。这种连接器所采用的插针和套筒的尺寸是普通 SC 型、FC 型等连接器所用尺寸的一半，能够提高光纤配线架中光纤连接器的密度。目前，在单模光纤方面，LC 型光纤连接器已经占据了主导地位，它在多模光纤方面的应用也在迅速增长。

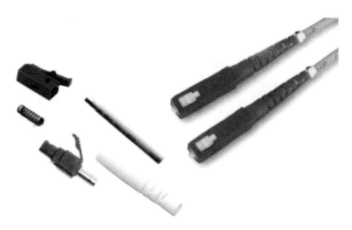

图 5-12　LC 型光纤连接器

6. MU 型光纤连接器

MU 型光纤连接器如图 5-13 所示，它是以 SC 型光纤连接器为基础研发的世界上最小的单芯光纤连接器。这种连接器采用 1.25mm 直径的套管和自保持机构，其优势在于能够实现高密度安装。随着光纤网络向更大带宽、更大容量方向的迅速发展，社会对 MU 型光纤连接器的需求也将迅速增长。

图 5-13　MU 型光纤连接器

五、光纤的冷接

光纤冷接是光纤对接的方法之一，它是一种快速、低耗、高效的接续方法，在用户终端处接续光纤时使用较多。所谓光纤冷接，是指用光纤"冷接子"对接光纤或光纤对接尾纤，这是一个光缆机械接续的过程，整个接续过程可在 2 分钟内完成。用于冷接续光纤的小接头叫作光纤冷接子，如图 5-14 所示，其内部结构如图 5-15 所示。

图 5-14　光纤冷接子

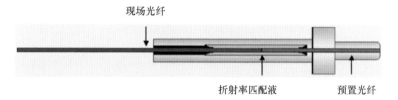

图 5-15　光纤冷接子的内部结构

光纤冷接的工具如图 5-16 所示。

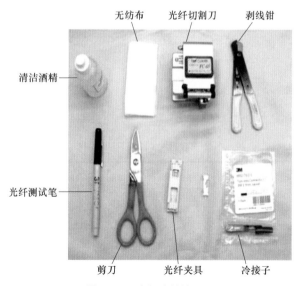

图 5-16　光纤冷接的工具

光纤冷接的步骤如图5-17所示。

第一步：如图5-17（a）所示，使用剥线钳、剪刀等开剥光缆，剥去光缆外皮和护套。

第二步：如图5-17（b）所示，使用清洁酒精及无纺布清洁光纤。

第三步：如图5-17（c）所示，将清洁好的光纤放入光纤夹具中，使用光纤切割刀切割光纤。

第四步：如图5-17（d）所示，将光纤插入冷接子本体。

第五步：如图5-17（e）所示，将光缆进行固定。

(a) 开剥光缆　　　　　　(b) 清洁光纤　　　　　　(c) 切割光纤

(d) 插入光纤　　　　　　(e) 固定光缆

图5-17　光纤冷接的步骤

完成以上步骤后，使用光纤测试笔检查光纤连接的导通状态，确保光信号能够顺畅传输。

进行光纤冷接时，开剥光缆的尺寸可以参考图5-18。

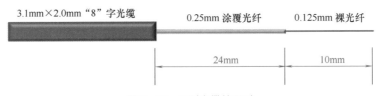

图5-18　开剥光缆的尺寸

六、光纤的熔接

光纤熔接技术是将两根需要熔接的光纤放在光纤熔接机中，对准需要熔接的部位进行高压放电，产生热量后将两根光纤的端头处熔接，合成一段完整的光纤。这种熔接方法快速准确，接续损耗小，通常小于0.1dB，可靠性高，是目前使用最为普遍的一种光纤对接方法。

光纤熔接机主要用于光通信项目中光缆的对接和维护，主要是靠高压电弧放电将需要对接的两根光纤断面熔化，同时运用准直原理平缓推进，以实现光纤模场的耦合。光纤熔接机主要应用于各大电信运营商、工程公司、企事业单位专网等，也用于生产光纤无源和有源器件及模块等的光纤熔接。

光纤熔接的步骤如下：

第一步：开剥光缆，剥去光缆外皮和护套。

第二步：剥除光纤表面涂覆的树脂层。

第三步：切割光纤。

第四步：穿入热收缩管和固定棒。

第五步：清洁光纤。

第六步：将光纤放入光纤熔接机并且自动对准。光纤熔接机具有自动对准光纤的功能，通过CCD镜头找到光纤的纤芯，将两根光纤的纤芯自动对准。

第七步：放电熔接。两根电极棒瞬间释放高电压，击穿空气产生一个瞬间的电弧，电弧会产生高温，将已经对准的两条光纤的前端高温熔化，从而将两条光纤熔接在一起。由于光纤是二氧化硅材质，也就是通常说的玻璃，很容易达到熔融状态。

第八步：套上热收缩管，保护熔接接头并使其不易被折断。

知识拓展

光纤中传输的是光束，光束不受外界电磁干扰与影响。同时，光纤本身也不向外辐射信号，它能提供极宽的频带且功率损耗较小。因此，光纤具有传输距离长（多模光纤为2km以上；单模光纤则有上百km，如海底通信光纤）、传输率高（可达数千Mbit/s）、保密性强（不会受到电子监听）等优点，适用于高速局域网、远距离的信息传输以及主干网连接。近年来，由于布线标准的改变以及光电器件、光缆、连接器技术的发展和应用带宽的逐步升级，"光纤到桌面"已成为布线系统中的最新方案。因此，掌握光纤的对接工艺，对于布线施工员而言，已经成为必要的技能。

项目六　设备间子系统

📑 学习目标

1. 设备间子系统是建筑智能化系统的关键组成部分，负责集中管理和维护各类设备，应全面理解其构成、功能及运维要求，掌握设备选型、配置与安装技能。

2. 通过学习本项目，能够合理规划设备布局，确保设备间的良好环境与高效运行。

3. 提升对设备故障的预防与处理能力，保障建筑智能化系统的稳定可靠。

4. 培养具备专业素养和实践能力的设备间子系统管理人才。

任务一　认识设备间子系统

📖 学习任务

1. 掌握设备间子系统的国家标准和规范。
2. 绘制设备间子系统平面图。
3. 认识总配线架。

📄 知识链接

图 6-1 所示为总配线架。总配线架适用于与大容量电话交换设备配套使用，用以接续内、外线路。一般还具有配线、测试和保护局内设备及人身安全的作用。总配线架在网络中也称为主配线间，用于放置企业服务器。

图 6-2 所示为设备间平面图。

设备间子系统是一个集中化设备区，连接系统公共设备，并通过干线子系统连接至

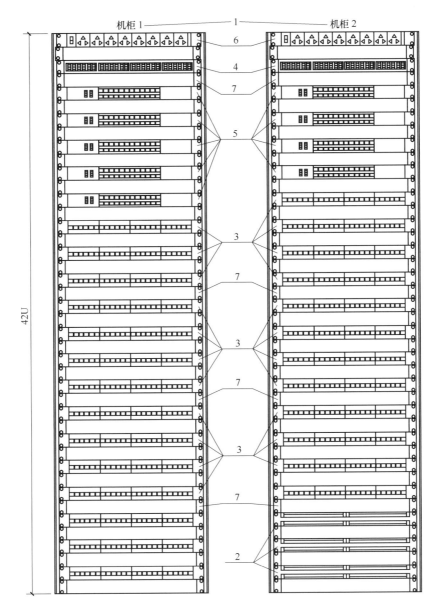

1—机柜；2—IDC 配线架；3—RJ45 配线架；4—SC 光纤配线架；5—网络交换机；

6—电源分配器；7—线缆管理器。

图 6-1　总配线架

管理间子系统，如局域网（LAN）、主机、建筑自动化和保安系统等。

　　设备间子系统是建筑物中数据、语音垂直主干线缆终接的场所，也是建筑群的线缆进入建筑物终接的场所，更是各种数据语音主机设备及保护设施的安装场所。设备间一般设在建筑物中部或建筑物的一、二层，应避免设在顶层或地下室，位置不应远离电梯，而且应为以后的扩展预留一定的空间。建筑群的线缆进入建筑物时应有相应的过电流、

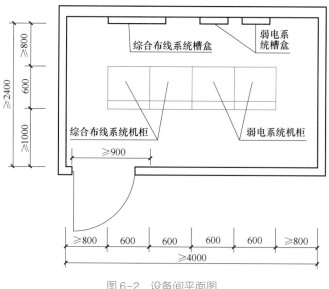

图 6-2　设备间平面图

过电压保护设施。

　　设备间子系统不仅是一个硬件和连接的集合，它还涉及网络架构、数据通信、系统管理等多个方面的知识。例如，网络架构的选择将直接影响设备间的布线需求和未来扩展的可能性；数据通信的速率和稳定性则需要考虑线缆的质量、连接器的性能等因素；系统管理需要对设备间的所有硬件和软件进行有效的监控和维护，以确保整个系统的正常运行。

　　此外，随着技术的发展，设备间子系统也在不断演变。例如，云计算和虚拟化技术的应用使得部分设备可以集中在数据中心进行管理，从而改变了传统设备间的布局和需求；同时，新型的网络设备和通信协议也不断涌现，为设备间子系统带来了更多的可能性和挑战。

任务二　设备间子系统的设计

　　1. 独立完成总配线架的设计。

2. 独立完成设备间子系统的设计。

基础任务：独立完成宿舍楼设备间子系统的设计（BIM 模型）。

选做任务：独立完成办公楼设备间子系统的设计（BIM 模型）。

知识链接

进行设备间子系统设计时，设计人员应与用户进行沟通，根据用户的要求及现场情况确定设备间的最终位置。只有确定了设备间的位置后，才可以设计综合布线的其他子系统。因此进行用户需求分析时，确定设备间位置是一项重要的工作内容。

1. 需求分析

设备间子系统是综合布线的精髓，设备间的需求分析围绕整个建筑物的信息点数量、设备的数量、规模、网络构成等进行。

2. 技术交流

完成需求分析后，应与用户进行技术交流。不仅要与用户方的技术负责人交流，也要与项目或者行政负责人交流，进一步了解用户的需求，特别是未来的扩展需求。交流时应重点了解规划的设备间子系统附近的电源插座、电力电缆、电气管理等情况。在技术交流过程中必须进行详细的书面记录，每次交流结束后，应及时整理书面记录，这些书面记录是初步设计的依据。

3. 阅读建筑物设计图纸

在设备间位置确定前，获取并认真阅读建筑物设计图纸是非常必要的。通过阅读建筑物设计图纸，掌握建筑物的土建结构、强电路径以及弱电路径，特别是主要与外部配线连接的接口位置，重点掌握设备间附近的电气管理、电源插座、暗埋管线等。

4. 设计要点

设备间子系统的设计主要考虑设备间的位置、面积、建筑结构、环境要求等。

（1）设备间的位置

设备间的位置应根据建筑物的结构、综合布线规模、管理方式以及应用系统设备的数量等方面进行综合考虑，择优选取。一般而言，设备间应尽量建在建筑平面及其综合布线干线综合体的中间位置，在高层建筑内，设备间也可以设置在一、二层。

确定设备间的位置可以参考以下设计规范：

① 应尽量建在综合布线干线子系统的中间位置，并尽可能靠近建筑物的电缆引入区和网络接口，以方便干线线缆的进出。

② 应尽量避免建在建筑物的高层、地下室或用水设备的下层。

③ 应尽量远离强振动源和强噪声源。

④ 应尽量避开强电磁场的干扰。

⑤ 应尽量远离有害气体源以及易腐蚀、易燃、易爆物。

⑥ 应便于接地装置的安装。

（2）设备间的面积

设备间的面积要考虑所有设备的安装面积，还要考虑预留工作人员管理操作设备的空间。设备间的使用总面积可按照下述两种方法之一确定：

① 已知 S_b 为与综合布线有关并安装在设备间内的设备所占面积（m^2），S 为设备间的使用总面积（m^2），则 S 可按式（6-1）计算。

$$S = (5 \sim 7) S_b \tag{6-1}$$

② 当设备尚未选型时，S 可按式（6-2）计算。

$$S = KA \tag{6-2}$$

式中　A——设备间所有设备的总台数；

　　　K——系数，表示单台设备所占面积，可取（4.5~5.5）m^2/台。

设备间内应有足够的设备安装空间，其最小使用面积不得小于 $10m^2$。

（3）设备间的建筑结构

设备间的建筑结构主要依据设备大小、设备搬运以及设备重量等因素而设计。设备间的高度一般为 2.5~3.2m。设备间门的大小至少为高 2.1m，宽 1.5m。

设备间的楼板承重设计一般分为两级：

① A 级 $\geqslant 500 kg/m^2$。

② B 级 $\geqslant 300 kg/m^2$。

（4）设备间的环境要求

设备间内安装了计算机、计算机网络设备、电话程控交换机、建筑物自动化控制设备等硬件设备，这些设备的运行需要相应的温度、相对湿度、供电、防尘等要求。设备间内的环境设置可以参照《模块化组合式机房设计规范》（YD/T 5239—2018）、《电力工业以太网交换机技术规范》（DL/T 1241—2013）等相关标准及规范。

① 温度和相对湿度。综合布线有关设备的温度和相对湿度要求可分为 A、B、C 三级，设备间的温度和相对湿度可按某一级执行，也可按某几级综合执行，具体要求如表 6-1 所示。

表 6-1   设备间温度和相对湿度要求

项目	等级		
	A 级	B 级	C 级
温度/℃	夏季:22±4 冬季:18±4	12~30	8~35
相对湿度/%	40~65	35~70	30~80

设备间的温度和相对湿度控制可以通过安装具有降温或升温、加湿或除湿功能的空调设备实现。选择空调设备时，南方地区主要考虑降温和除湿功能；北方地区要全面考虑降温、升温、加湿、除湿功能。空调的功率主要根据设备间的大小及设备多少而定。

② 尘埃。设备间内的电子设备对尘埃要求较高，尘埃过高会影响设备的正常工作，降低设备的使用寿命。设备间的尘埃限值如表 6-2 所示。

表 6-2   设备间的尘埃限值

项目	等级	
	A 级	B 级
粒度/μm	>0.5	>0.5
个数/(粒/dm³)	<10000	<18000

要降低设备间的尘埃度，需要定期清扫灰尘，工作人员进入设备间应更换干净的鞋具。

③ 空气。设备间内应保持空气的洁净，具有良好的防尘措施，并防止有害气体侵入。设备间的有害气体限值如表 6-3 所示。

表 6-3   设备间的有害气体限值   单位：mg/m³

有害气体	二氧化硫 （SO_2）	硫化氢 （H_2S）	二氧化氮 （NO_2）	氨 （NH_3）	氯 （Cl_2）
平均限值	0.2	0.006	0.04	0.05	0.01
最大限值	1.5	0.03	0.15	0.15	0.3

④ 照明。为了方便工作人员在设备间内操作设备和维护相关综合布线器件，设备间内必须安装有足够照明度的照明系统，并配置应急照明系统。设备间内距地面 0.8m 高度处，照明度不应低于 200lx。设备间配备的事故应急照明，在距地面 0.8m 高度处，照明

度不应低于 5lx。

⑤ 噪声。如果长时间在 70~80dB 噪声的环境下工作，不但影响人的身心健康和工作效率，还可能造成人为的噪声事故。因此，设备间内的噪声应小于 70dB。

⑥ 电磁场干扰。根据综合布线系统的要求，设备间无线电干扰的频率应在 0.15~1000MHz，噪声不大于 120dB，磁场干扰场强不大于 800A/m。

⑦ 供电系统。设备间供电电源应满足以下要求：

a. 频率为 50Hz。

b. 电压为 220V/380V。

c. 相数为三相五线制或三相四线制/单相三线制。

设备间供电电源允许变动的范围如表 6-4 所示。

表 6-4　　　　　　　　　　　设备间供电电源允许变动的范围

项目	等级		
	A 级	B 级	C 级
电压变动/%	−5~+5	−10~+7	−15~+10
频率变动/Hz	−0.2~+0.2	−0.5~+0.5	−1~+1
波形失真率/%	<±5	<±7	<±10

根据设备间内设备的使用要求，设备要求的供电方式分为以下三类：

a. 需要建立不间断供电系统。

b. 需要建立带备用的供电系统。

c. 按一般用途供电考虑。

（5）设备间的设备管理

设备间内的设备种类繁多，而且线缆敷设复杂。为了管理好各种设备及线缆，设备间内的设备应分类分区安装。设备间内所有进出线装置或设备应采用不同色标，以区别各类用途的配线区，方便线路的维护和管理。

（6）安全分类

设备间的安全分为 A、B、C 三个类别：

A 类：对设备间的安全有严格的要求，设备间有完善的安全措施。

B 类：对设备间的安全有较严格的要求，设备间有较完善的安全措施。

C 类：对设备间的安全有基本的要求，设备间有基本的安全措施。

设备间的安全要求如表 6-5 所示。

表 6-5　　　　　　　　　　　设备间的安全要求

安全项目	类别		
	A 类	B 类	C 类
场地选择	有要求或增加要求	有要求或增加要求	无要求
防火	有要求或增加要求	有要求或增加要求	有要求或增加要求
内部装修	有要求	有要求或增加要求	无要求
供配电系统	有要求	有要求或增加要求	有要求或增加要求
空调系统	有要求	有要求或增加要求	有要求或增加要求
火灾报警及消防设施	有要求	有要求或增加要求	有要求或增加要求
防水	有要求	有要求或增加要求	无要求
防静电	有要求	有要求或增加要求	无要求
防雷击	有要求	有要求或增加要求	无要求
防鼠害	有要求	有要求或增加要求	无要求
电磁波的防护	有要求或增加要求	有要求或增加要求	无要求

根据设备间的要求，设备间的安全可按某一类执行，也可按某几类综合执行。综合执行是指一个设备间的某些安全项目可按不同的安全类型执行，例如，某设备间按照安全要求可选电磁波的防护为 A 类，火灾报警及消防设施为 B 类。

（7）结构防火

为了保证设备使用的安全，设备间应安装相应的消防系统，并配备防火防盗门。

安全类别为 A 类的设备间，其耐火等级必须符合《建筑设计防火规范（2018 年版）》（GB 50016—2014）中规定的一级耐火等级。

安全类别为 B 类的设备间，其耐火等级必须符合《建筑设计防火规范（2018 年版）》（GB 50016—2014）中规定的二级耐火等级。

安全类别为 C 类的设备间，其耐火等级应符合《建筑设计防火规范（2018 年版）》（GB 50016—2014）中规定的二级耐火等级。

与安全类别为 A、B 类的设备间相关的其余基本工作房间及辅助房间，其建筑物的耐火等级不应低于《建筑设计防火规范（2018 年版）》（GB 50016—2014）中规定的二级耐火等级。与安全类别为 C 类的设备间相关的其余基本工作房间及辅助房间，其建筑物的耐火等级不应低于《建筑设计防火规范（2018 年版）》（GB 50016—2014）中规定的三级耐火等级。

（8）火灾报警及灭火设施

安全类别为 A、B 类的设备间内应设置火灾报警装置。在机房内、基本工作房间、活动地板下、吊顶上方及易燃物附近都应设置烟感和温感探测器。

安全类别为 A 类的设备间内应设置二氧化碳（CO_2）自动灭火系统，并备有手提式二氧化碳灭火器。

安全类别为 B 类的设备间内在条件许可的情况下，应设置二氧化碳自动灭火系统，并备有手提式二氧化碳灭火器。

安全类别为 C 类的设备间内应备有手提式二氧化碳灭火器。

安全类别为 A、B、C 类的设备间除纸介质等易燃物质外，禁止使用水、干粉或泡沫等易产生二次破坏的灭火器。为了在发生火灾或意外事故时方便设备间工作人员迅速向外疏散，对于规模较大的建筑物，在设备间或机房应设置直通室外的安全出口。

（9）接地要求

在设备间的设备安装过程中必须考虑设备的接地，具体要求如下：

① 直流工作接地电阻一般要求不大于 4Ω，交流工作接地电阻也不应大于 4Ω，防雷保护接地电阻不应大于 100Ω。

② 建筑物内部应设有一套网状接地网络，保证所有设备共同的参考等电位。如果综合布线系统单独设置接地系统，且能保证与其他接地系统之间有足够的距离，则接地电阻值规定为≤4Ω。

③ 为了获得良好的接地，推荐采用联合接地方式。所谓联合接地方式就是将防雷接地、交流工作接地、直流工作接地等统一接到共用的接地装置上。当综合布线采用联合接地系统时，通常利用建筑钢筋作为防雷接地引下线，而接地体一般利用建筑物基础内钢筋网作为自然接地体，使整幢建筑的接地系统组成一个笼式的均压整体。联合接地电阻要求≤1Ω。

④ 接地所使用的铜线电缆规格与接地的距离有直接关系，一般接地距离在 30m 以内，接地导线采用直径为 4mm 的带绝缘套的多股铜线电缆。接地铜线电缆规格与接地距离的关系如表 6-6 所示。

表 6-6　　　　　　　　　接地铜线电缆规格与接地距离的关系

接地距离/m	接地铜线电缆直径/mm	接地铜线电缆截面积/mm^2
<30	4.0	12
30~48	4.5	16
48~76	5.6	25
76~106	6.2	30

接地距离/m	接地铜线电缆直径/mm	接地铜线电缆截面积/mm²
106~122	6.7	35
122~150	8.0	50
150~300	9.8	75

（10）内部装饰

设备间装修材料使用应符合《建筑设计防火规范（2018 年版）》（GB 50016—2014）中规定的难燃材料或阻燃材料的要求，应能防潮、吸音、不起尘、抗静电等。

① 地面。为了方便敷设电缆线和电源线，设备间的地面最好采用抗静电活动地板，其系统电阻应在（$1.0×10^5$~$1.0×10^{10}$）Ω。具体要求应符合《防静电活动地板通用规范》（SJ/T 10796—2001）。

带有走线口的活动地板为异形地板，其走线口应光滑，防止损伤电线、电缆。设备间地面所需异形地板的块数由设备间所需引线的数量确定。设备间地面切忌铺毛制地毯，因为毛制地毯容易产生静电，而且容易产生积灰。放置活动地板的设备间的建筑地面应平整、光洁、防潮、防尘。

② 墙面。墙面应选择不易产生灰尘，也不易吸附灰尘的材料。目前大多数是在平滑的墙壁上涂阻燃漆，或在墙面上覆盖耐火的胶合板。

③ 顶棚。为了吸音及布置照明灯具，一般在设备间顶棚下加装一层吊顶。吊顶材料应满足防火要求。目前，我国大多数采用铝合金或轻钢作龙骨，安装吸音铝合金板、阻燃铝塑板以及喷塑石英板等。

④ 隔断。根据设备间放置的设备及工作需要，可用玻璃将设备间隔成若干个房间。隔断可以选用防火的铝合金或轻钢作龙骨，安装 10mm 厚玻璃，或从地板面至 1.2m 高度处安装难燃双塑板，1.2m 以上安装 10mm 厚的玻璃。

5. 设备间内的线缆敷设

（1）活动地板方式

活动地板方式是线缆在活动地板下的空间敷设。由于地板下的空间大，因此电缆容量和条数多，路由可自由选择和变动，可节省电缆费用，线缆的敷设和拆除均简单方便，能适应线路的增减变化，具有较高的灵活性，便于维护管理。但其造价较高，会减少房屋的净高，对地板表面材料也有一定的要求，如耐冲击性、耐火性、抗静电以及稳固性等。

（2）地板或墙壁内沟槽方式

地板或墙壁内沟槽方式是线缆在建筑中预先建成的墙壁或地板内沟槽中敷设。沟槽的断面尺寸应根据线缆终期容量设计，上面设置盖板保护。这种方式的造价较活动地板方式低，便于施工和维护，也有利于扩建，但沟槽设计和施工必须与建筑设计和施工同时进行，在配合协调上较为复杂。这种方式是在建筑施工过程中预先制成，因此在使用中会受到限制，线缆路由不能自由选择和变动。

（3）预埋管路方式

预埋管路方式是在建筑的墙壁或楼板内预埋管路。其管径和根数根据线缆的需要设计。这种方式穿放线缆比较容易，维护、检修和扩建均比较方便，造价低廉，技术要求不高，是最常用的一种方式。但预埋管路必须在建筑施工中进行，线缆路由受管路限制，不能变动，所以使用中会受到一些限制。

（4）机架走线架方式

机架走线架方式是在设备（机架）上沿墙安装走线架或槽道的敷设方式。走线架和槽道的尺寸根据线缆的需要设计，且不受建筑的设计和施工限制，可以在建成后安装，便于施工和维护，也有利于扩建。机架上安装走线架或槽道时，应结合设备的结构和布置进行考虑，在层高较低的建筑中不宜使用。

 知识拓展

1. 设备间位置选择

设备间应处于干线子系统的中间位置，这样有利于主干线缆的传输，并考虑尽量减少传输距离和线缆数量；应尽可能靠近建筑物竖井位置，方便主干线缆的引入，也有利于避免线缆受到过度拉伸或挤压；设备间的位置应便于设备接地，以减少电气干扰并提高设备运行的稳定性；应远离高低压变配电、电机、X射线、无线电发射等有干扰源存在的场所，防止干扰对设备的影响。

2. 设备间的面积与环境

设备间的面积应考虑安装设备的数量和维护管理的方便性，既要满足当前需要，又要考虑未来的扩展。设备间内的环境条件应满足一定的标准，包括温度、相对湿度、尘埃含量等，以保证设备的正常运行和使用寿命。应有良好的通风条件，防止有害气体和尘埃的侵入。

3. 设备间安全与配电

设备间的供电设计应符合相关规范，包括提供设备专用电源插座、维修和照明电源插座等，并确保接地排的安全可靠。配电系统应有足够的容量和稳定性，以满足设备的运行需求。设备间的入口门应采用外双开门设计，以满足设备搬运和消防疏散的需要。门锁应安全可靠，同时提供安全通道。使用防火门和阻燃漆等防火措施，以降低火灾风险。

4. 设备间设备布局

在设备间内，应根据设备的类型和功能进行合理布局，便于设备的连接和管理。总配线架等重要设备的位置应尽量靠近入线口处，减少线缆的长度和复杂度。考虑到设备的散热和维护需要，设备之间应保持适当的间距。

任务三　设备间子系统的施工与测试

 学习任务

1. 独立完成总配线架的安装。
2. 独立完成总配线架的测试。

📋 知识链接

1. 设备间的标准要求

每栋建筑物内应至少设置 1 个设备间，如果电话交换机与计算机网络设备分别安装在不同的场地或根据安全需要，也可设置 2 个或 2 个以上设备间，以满足不同业务的设备安装需要。

如果一个设备间面积以 10m² 计，大约能安装 5 个 19″ 的机柜。在机柜中安装电话大对数电缆多对卡接式模块，数据主干线缆配线设备模块，大约能支持总量为 6000 个信息点所需（其中电话和数据信息点各占 50%）的建筑物配线设备安装空间。

2. 设备间机柜的安装要求

设备间机柜的安装要求如表 6-7 所示。

项目	安装要求
安装位置	应符合设计要求,机柜应离墙 1m,便于安装和施工。所有安装螺钉不得有松动,保护橡胶垫应安装牢固
底座	安装应牢固,应按设计图纸的防震要求进行施工
安放	安放应竖直,柜面水平,垂直偏差≤1%,水平偏差≤3mm,机柜之间的缝隙≤1mm
表面	完整、无损伤,螺钉坚固,每平方米表面凹凸度应<1mm
接线	接线应符合设计要求,接线端子各种标志应齐全,保持良好
配线设备	接地体、保护接地、导线截面、颜色应符合设计要求
接地	应设接地端子,并良好连接接入楼宇接地端排
线缆预留	(1)对于固定安装的机柜,在机柜内不应有预留线长。预留线时应预留在可以隐蔽的地方,长度为 1~1.5m (2)对于可移动的机柜,连入机柜的全部线缆在连入机柜的入口处,应至少预留 1m,同时各种线缆预留长度相互之间的差别不应超过 0.5m
布线	机柜内走线应全部固定,并要求横平竖直

3. 设备间配电要求

设备间供电由大楼市电提供电源进入设备间专用的配电柜。设备间设置设备专用的活动地板下插座,为了便于维护,在墙面上安装维修插座。其他房间根据设备的数量安装相应的维修插座。

配电柜除了满足设备间设备的供电以外,还应留出一定的余量,以备以后的扩容。

4. 设备间安装防雷器

(1)防雷的基本原理

防雷是指通过合理、有效的手段将雷电的能量尽可能地引入大地,防止其进入被保护的电子设备。防雷是疏导,而不是堵雷或消雷。

国际电工委员会提出了一种分区防雷理论。雷电保护区域的划分采用标识数字 0~3。0A 保护区域是直接受到雷击的地方,由这里辐射出未衰减的雷击电磁场;0B 区域是指没有直接受到雷击,但却处于强电磁场。保护区域 1 已位于建筑物内,直接在外墙的屏蔽措施之后,如混凝土立面的钢护板后面,此处的电磁场要弱得多(一般为 30dB)。在保护区域 2 中的终端电气设备可采用集中保护,例如,通过保护共用线路而大大减弱电磁场。保护区域 3 是电子设备或装置内部需要保护的范围。

根据国际电工委员会的最新防雷理论,外部和内部的雷电保护已采用面向电磁兼容性(EMC)的雷电保护新概念。

对于感应雷的防护，与直击雷的防护同等重要。

感应雷的防护就是在被保护设备前端并联一个参数匹配的防雷器。在雷电流的冲击下，防雷器在极短时间内与地网形成通路，使雷电流在到达设备之前，通过防雷器和地网泄放入地。当雷电流脉冲泄放完成后，防雷器自动恢复为正常高阻状态，从而使被保护设备继续工作。

直击雷的防护是一个很早就被重视的问题。现在的直击雷防护基本采用有效的避雷针、避雷带或避雷网作为接闪器，通过引下线使直击雷能量泄放入地。

（2）防雷设计

第一、第二级电源防雷：防止从室外窜入的雷电过电压、防止开关操作过电压、防止感应过电压、防止反射波效应过电压。一般在设备间总配电处，选用电源防雷器分别在 L-N、N-PE 间进行保护，可最大限度地确保被保护对象不因雷击而损坏，更大限度地保护设备安全。

第三级电源防雷：防止开关操作过电压、防止感应过电压。考虑到设备间的重要设备（服务器、交换机、路由器等）较多，必须在其前端安装电源防雷器，如图 6-3 所示。

依据《建筑物防雷设计规范》（GB 50057—2010）中的有关规定，对计算机网络中心设备间的电源系统采用三级防雷设计。

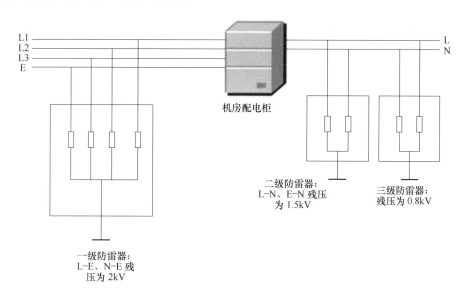

图 6-3 电源防雷器的安装位置

5. 设备间的防静电措施

为了防止静电带来的危害，更好地保护机房设备并更好地利用布线空间，应在中央机房等关键房间内安装高架防静电地板。

设备间采用的防静电地板有钢结构和木结构两大类，其要求是既能提供防火、防水和防静电功能，又要轻、薄，并具有较高的强度和适应性，且有微孔通风。防静电地板下面或防静电吊顶板上面的通风道应留有足够余地以作为机房敷设线槽、线缆的空间，这样既保证了大量线槽、线缆便于施工，同时也使机房整洁美观。

在设备间铺设抗静电地板时，同时安装静电泄漏系统。铺设静电泄漏地网，通过将静电泄漏干线和机房安全保护地的接地端子封在一起，将静电泄漏。

中央机房、设备间的高架防静电地板的安装注意事项如下：

① 清洁地面。用水冲洗或拖湿地面，必须等地面完全干了以后才可以施工。

② 画地板网格线和线缆管槽路径标识线，这是确保地板横平竖直的必要步骤。先将每个支架的位置正确标注在地面坐标上，然后马上将地板下面集中的大量线槽线缆的出口、安放方向、距离等一同标注在地面上，并准确地画出定位螺钉的孔位，不能急于安放支架。

③ 敷设线槽线缆。先敷设防静电地板下面的线槽，这些线槽都是金属的，并且可以锁闭和开启，因而这一工序将线槽位置全面固定，并同时安装接地引线，然后布放线缆。

④ 支架及线槽系统的接地保护。这一工序对于网络系统的安全至关重要。应特别注意连接在地板支架上的接地铜带作为防静电地板的接地保护。在此工序中，一定要等到所有支架安放完成后再统一校准支架高度。

 知识拓展

总配线架的设备材料表如表 6-8 所示。

表 6-8 总配线架的设备材料表

编号	名称	型号及规格	单位	数量	备注
1	机柜	19.42U	个	2	—
2	IDC 配线架	100 对	个	3	高度 1U
3	RJ45 配线架	24 口	个	26	高度 1U
4	SC 光纤配线架	24 口（单工）	个	2	高度 1U
5	网络交换机	24 口	台	9	高度 1U
6	电源分配器（PDU）	由工程设计确定	个	2	高度 1U
7	线缆管理器	1U	个	42	高度 1U
8	综合布线槽盒	由工程设计确定	m	—	—
9	等电位联结端子板	由工程设计确定	套	1	—

项目七　综合布线测试

学习目标

1. 熟悉综合布线测试的基本概念和国家标准。
2. 掌握非屏蔽双绞线、光缆布线的测试方法。
3. 熟悉测试报告的编写，了解布线工程验收的基本内容和步骤。

任务一　认识综合布线测试

学习任务

1. 认识综合布线系统的测试。
2. 对本校宿舍楼的网络综合布线系统进行现场测试准备。

知识链接

综合布线测试的目的是检验布线工程的施工质量是否符合设计要求，从而最终保证整个系统的正常运行。在进行测试前要清楚地了解测试的对象与测试内容，才能做到有的放矢。

一、测试类型

综合布线工程中的测试分为验证测试和认证测试两类。

1. 验证测试

验证测试在施工中进行，主要检验每条线路的连接是否正确、物理上是否通畅，及时发现并纠正每一步布线操作中的问题。

在布线施工中，采用"随装随测"方式，每完成一个信息点就测试该点的连通性，包括接线图、通断性及电缆长度，发现质量不符合要求的地方应及时采取措施修改，以保证所完成的每一个连接的正确性。当所有的连接施工完成后，所有信息点也都通过了验证测试，为最后验收时的认证测试做好了准备。验证测试无问题表明布线在物理上是通畅的，但通畅的性能与效果如何，验证测试不能给出答案。

2. 认证测试

认证测试在工程验收时进行，它的先决条件是布线系统首先通过验证测试。认证测试严格依照国际及国内的行业标准对布线系统逐项进行检测，包括布线系统的安装、电气特性、传输性能、设计、选材以及施工质量的全面检验，确定布线是否符合标准、是否达到工程设计要求。认证测试必须由具有相应资质的第三方中立检验机构在接受委托方的委托请求后，依照标准对布线系统工程的质量做出具有法律效应的质量判定。

通过认证测试的布线工程才是可信赖的合格工程，才能进入工程的总验收。

二、测试对象

1. 电缆链路

（1）信息点、集合点与终端

信息点（TO）是指各类电缆或光缆终接的信息插座模块。

集合点（CP）是指楼层配线设备与工作区信息点之间水平线缆路由中的连接点。

终端（TE）是指各种连入网络的用户设备，如电脑、电话等。

（2）基本链路

基本链路是指由最长为 90m 的端间固定连接水平线缆和在两端的接插件（一端为工作区信息插座，另一端为楼层配线架、跳线板插座）及连接两端接插件的两条 2m 长的测试电缆构成的链路。基本链路构成如图 7-1 所示，图中 F 为水平电缆长度；E、G 为测试电缆长度。满足 $F \leqslant 90m$，$G = E = 2m$。

图 7-1　基本链路构成

（3）永久链路

永久链路是指信息点与楼层配线设备之间的传输线路。永久链路由最长为 90m 的水平线缆及最多 3 个连接器件组成。它不包括工作区线缆和连接楼层配线设备的设备线缆、跳线，但可以包括一个 CP 链路。

（4）信道

信道是指连接两个应用设备的端到端的传输通道。综合布线系统信道应由最长为 90m 的水平线缆、最长为 10m 的跳线和设备线缆及最多 4 个连接器件组成。信道构成如图 7-2 所示，图中 A 为工作区终端设备电缆长度；B 为 CP 线缆长度；C 为水平线缆长度；D 为配线设备连接跳线长度；E 为配线设备到设备连接电缆长度。满足 $B+C \leqslant 90m$，$A+D+E \leqslant 10m$。

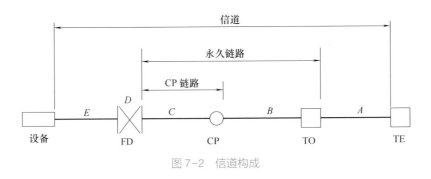

图 7-2　信道构成

（5）分级

铜缆布线系统分为 A、B、C、D、E、F 六级，如表 7-1 所示。不同级别的系统支持的信号带宽与电缆类别有较大的差别。

表 7-1　　　　　　　　　　　　　　铜缆布线系统分级

系统分级	支持带宽/Hz	支持应用器件	
		电缆	连接硬件
A 级	100K	—	—
B 级	1M	—	—
C 级	16M	3 类	3 类
D 级	100M	5/5e 类	5/5e 类
E 级	250M	6 类	6 类
F 级	600M	7 类	7 类

注：3 类、5/5e 类（超 5 类）、6 类、7 类布线系统应能支持向下兼容的应用。

2. 光缆链路

光缆链路包括设备光缆和工作区光缆，光缆测试主要是对磨接后的光纤进行特性测试，检测是否符合光纤传输信道标准。

光纤信道分为 OF-300、OF-500 和 OF-2000 三个等级，各等级光纤信道支持的应用长度不小于 300m、500m 及 2000m。

（1）经光纤跳线连接的光信道

水平光缆和主干光缆至楼层电信间的光纤配线设备应经光纤跳线连接构成，如图 7-3 所示。

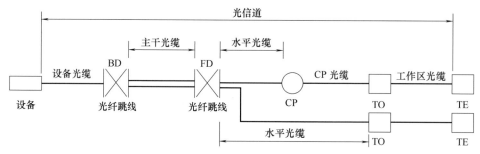

图 7-3　光缆经电信间 FD 光纤跳线连接

（2）经端接连接的光信道

水平光缆和主干光缆在楼层电信间应经端接（熔接或机械连接）构成，如图 7-4 所示。

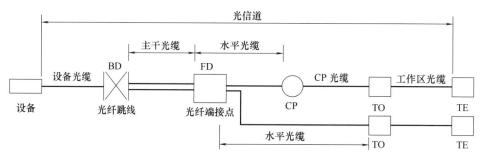

图 7-4　光缆在电信间 FD 端接

（3）直接连接的光信道

水平光缆经过电信间直接连接至大楼设备间光配线设备构成，如图 7-5 所示。其中，FD 安装于电信间，只作为光缆路径的场合。

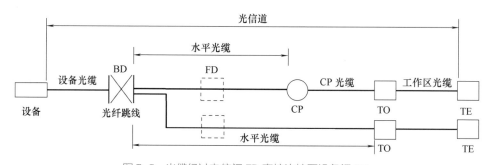

图 7-5　光缆经过电信间 FD 直接连接至设备间 BD

三、测试指标

电缆布线链路的测试共有 12 项指标，分别为接线图、长度、传播时延、时延差、回波损耗、衰减、线对间近端串音、线对间等效远端串音、综合等效远端串音、衰减串音比以及综合衰减串音比、特性阻抗。光缆布线链路的测试指标主要是光损耗（衰减）。

 知识拓展

通信介质的正确连接及良好的传输性能，是综合布线系统正常运行的基础。系统安装完毕后，必须对各子系统进行相关的测试，并依据国家相关行业标准对布线工程进行总验收，以确认传输介质的性能指标是否达到了系统正常运行的要求。及时解决网络布线中的问题，保证整个网络系统的正常运行。

在各种相关测试中，都涉及测试内容、测试标准、测试仪器和测试结果等问题，可以通过实操对这些问题做出进一步的解答。

任务二　综合布线测试的标准

 学习任务

1. 在表格中列出综合布线的各种测试标准。
2. 在表格中标识出综合布线的关键测试标准。

知识链接

一、5 类水平链路及信道性能指标

5 类水平链路及信道性能指标应符合表 7-2 的要求，测试条件为环境温度 20℃。

表 7-2　　　　　　　　　　　　　　5 类水平链路及信道性能指标

频率/MHz	基本链路性能指标		信道性能指标	
	近端串音/dB	衰减/dB	近端串音/dB	衰减/dB
1.00	60.0	2.1	60.0	2.5
4.00	51.8	4.0	50.6	4.5
8.00	47.1	5.7	45.6	6.3
10.00	45.5	6.3	44.0	7.0
16.00	42.3	8.2	40.6	9.2
20.00	40.7	9.2	39.0	10.3
25.00	39.1	10.3	37.4	11.4
31.25	37.6	11.5	35.7	12.8
62.50	32.7	16.7	30.6	18.5
100.00	29.3	21.6	27.1	24.0
长度/m	94		100	

注：基本链路长度为 94m，包括 90m 水平线缆及 4m 测试仪表的测试电缆长度，在基本链路中不包括 CP 点。

二、超 5 类（5e 类）、6 类、7 类信道性能指标

超 5 类（5e 类）、6 类、7 类信道的接线图标准和长度标准与其他类相同，信道性能指标应符合以下各项要求，测试条件为环境温度 20℃。

1. 回波损耗

回波损耗只在布线系统中的 C、D、E、F 级采用，信道的每一线对和布线的两端均应符合回波损耗值的要求。布线系统信道的最小回波损耗应符合表 7-3 的规定，关键频率的最小回波损耗建议值如表 7-4 所示。

表 7-3　　　　　　　　　　　　　　信道的最小回波损耗

级别	频率/MHz	最小回波损耗/dB
C 级	$1 \leqslant f \leqslant 16$	15.0
D 级	$1 \leqslant f < 20$	17.0
	$20 \leqslant f \leqslant 100$	$30 \sim 10\lg(f)$
E 级	$1 \leqslant f < 10$	19.0
	$10 \leqslant f < 40$	$24 \sim 5\lg(f)$
	$40 \leqslant f < 250$	$32 \sim 10\lg(f)$
F 级	$1 \leqslant f < 10$	19.0
	$10 \leqslant f < 40$	$24 \sim 5\lg(f)$
	$40 \leqslant f < 251.2$	$32 \sim 101\lg(f)$
	$251.2 \leqslant f \leqslant 600$	8.0

表 7-4　　　　　　　　　　信道关键频率的最小回波损耗建议值

频率/MHz	最小回波损耗建议值/dB			
	C 级	D 级	E 级	F 级
1	15. 0	17. 0	19. 0	19. 0
16	15. 0	17. 0	18. 0	18. 0
100	—	10. 0	12. 0	12. 0
250	—	—	8. 0	8. 0
600	—	—	—	8. 0

2. 插入损耗

布线系统信道每一线对的最大插入损耗应符合表 7-5 的规定，关键频率的最大插入损耗建议值如表 7-6 所示。

表 7-5　　　　　　　　　　　　信道最大插入损耗

级别	频率/MHz	最大插入损耗/dB
A 级	$f=0.1$	16. 0
B 级	$f=0.1$	5. 5
	$f=1$	5. 8
C 级	$1 \leqslant f \leqslant 16$	$1.05 \times (3.23\sqrt{f}+0.023f+0.05/\sqrt{f})+4 \times 0.2$
D 级	$1 \leqslant f \leqslant 100$	$1.05 \times (1.9108\sqrt{f}+0.0222f+0.2/\sqrt{f})+4 \times 0.04 \times \sqrt{f}$
E 级	$1 \leqslant f \leqslant 250$	$1.05 \times (1.82\sqrt{f}+0.0169f+0.25/\sqrt{f})+4 \times 0.02 \times \sqrt{f}$
F 级	$1 \leqslant f \leqslant 600$	$1.05 \times (1.8\sqrt{f}+0.01f+0.2/\sqrt{f})+4 \times 0.02 \times \sqrt{f}$

注：插入损耗的计算值小于 4.0dB 时均按 4.0dB 考虑。

表 7-6　　　　　　　　　　信道关键频率的最大插入损耗建议值

频率/MHz	最大插入损耗建议值/dB					
	A 级	B 级	C 级	D 级	E 级	F 级
0. 1	16. 0	5. 5	—	—	—	—
1	—	5. 8	4. 2	4. 0	4. 0	4. 0
16	—	—	14. 4	9. 1	8. 3	8. 1
100	—	—	—	24. 0	21. 7	20. 8
250	—	—	—	—	35. 9	33. 8
600	—	—	—	—	—	54. 6

3. 近端串音（NEXT）

在布线系统信道的两端，线对与线对之间的最小近端串音应符合表 7-7 的规定，关键频率的最小近端串音建议值如表 7-8 所示。

表 7-7 信道最小近端串音

级别	频率/MHz	最小近端串音/dB
A 级	$f = 0.1$	27.0
B 级	$0.1 \leqslant f \leqslant 1$	$25 \sim 15\lg(f)$
C 级	$1 \leqslant f \leqslant 16$	$39.1 \sim 16.4\lg(f)$
D 级	$1 \leqslant f \leqslant 100$	$-20\lg\left[10^{\frac{65.3-15\lg(f)}{-20}} + 2 \times 10^{\frac{83-20\lg(f)}{-20}}\right]$
E 级	$1 \leqslant f \leqslant 250$	$-20\lg\left[10^{\frac{74.3-15\lg(f)}{-20}} + 2 \times 10^{\frac{94-20\lg(f)}{-20}}\right]$
F 级	$1 \leqslant f \leqslant 600$	$-20\lg\left[10^{\frac{102.3-15\lg(f)}{-20}} + 2 \times 10^{\frac{102.4-20\lg(f)}{-20}}\right]$

注：1. D 级最小近端串音计算值大于 60.0dB 时均按 60.0dB 考虑。

2. E 级、F 级最小近端串音计算值大于 65.0dB 时均按 65.0dB 考虑。

表 7-8 信道关键频率的最小近端串音建议值

频率/MHz	最小近端串音建议值/dB					
	A 级	B 级	C 级	D 级	E 级	F 级
0.1	27.0	40.0	—	—	—	—
1	—	25.0	39.1	60.0	65.0	65.0
16	—	—	19.4	43.6	53.2	65.0
100	—	—	—	30.1	39.9	62.9
250	—	—	—	—	33.1	56.9
600	—	—	—	—	—	51.2

4. 近端串音功率（PS NEXT）

近端串音功率也称综合近端串音（扰），只应用于布线系统的 D、E、F 级，信道的每一线对和布线的两端均应符合近端串音功率值要求。布线系统信道的最小近端串音功率应符合表 7-9 的规定，关键频率的最小近端串音功率建议值如表 7-10 所示。

表 7-9 信道最小近端串音功率

级别	频率/MHz	最小近端串音功率/dB
D 级	$1 \leqslant f \leqslant 100$	$-20\lg\left[10^{\frac{63.8-20\lg(f)}{-20}} + 4 \times 10^{\frac{75.1-20\lg(f)}{-20}}\right]$
E 级	$1 \leqslant f \leqslant 250$	$-20\lg\left[10^{\frac{67.8-20\lg(f)}{-20}} + 4 \times 10^{\frac{83.1-20\lg(f)}{-20}}\right]$
F 级	$1 \leqslant f \leqslant 600$	$-20\lg\left[10^{\frac{94-20\lg(f)}{-20}} + 4 \times 10^{\frac{90-15\lg(f)}{-20}}\right]$

注：1. D 级最小近端串音功率计算值大于 57.0dB 时均按 57.0dB 考虑。

2. E 级、F 级最小近端串音功率计算值大于 62.0dB 时均按 62.0dB 考虑。

表 7-10　　　　　　　　　**信道关键频率的最小近端串音功率建议值**

频率/MHz	最小近端串音功率建议值/dB		
	D 级	E 级	F 级
1	57.0	62.0	62.0
16	40.6	50.6	62.0
100	27.1	37.1	59.9
250	—	30.2	53.9
600	—	—	48.2

5. 线对与线对之间的衰减串音比（ACR）

衰减串音比只应用于布线系统的 D、E、F 级，信道的每一线对和布线的两端均应符合衰减串音比值要求。布线系统信道的最小衰减串音比可按式（7-1）计算，并可参考表 7-11 所示的关键频率的最小衰减串音比建议值。

$$ACR_{ik} = NEXT_{ik} - IL_k \tag{7-1}$$

式中　　i——线对号；

　　　　k——线对号；

$NEXT_{ik}$——线对 i 与线对 k 间的近端串音；

　　IL_k——线对 k 的插入损耗。

表 7-11　　　　　　　　　**信道关键频率的最小衰减串音比建议值**

频率/MHz	最小衰减串音比建议值/dB		
	D 级	E 级	F 级
1	56.0	61.0	61.0
16	34.5	44.9	56.9
100	6.1	18.2	42.1
250	—	-2.8	23.1
600	—	—	-3.4

6. 衰减串音比功率和（PS ACR）

衰减串音比功率和为近端串音功率和与插入损耗之间的差值，信道的每一线对和布线的两端均应符合衰减串音比功率和值要求。布线系统信道的最小衰减串音比功率和可按式（7-2）计算，关键频率的最小衰减串音比功率和建议值如表 7-12 所示。

$$PS\ ACR_k = PS\ NEXT_k - IL_k \tag{7-2}$$

式中　　　k——线对号；

$PS\ NEXT_k$——线对 k 的近端串音功率和；

　　　IL_k——线对 k 的插入损耗。

表 7–12　信道关键频率的最小衰减串音比功率和建议值

频率/MHz	最小衰减串音比功率和建议值/dB		
	D 级	E 级	F 级
1	53.0	58.0	58.0
16	31.5	42.3	53.9
100	3.1	15.4	39.1
250	—	−5.8	20.1
600	—	—	−6.4

7. 线对与线对之间等电平远端串音（ELFEXT）

等电平远端串音为远端串音与插入损耗之间的差值，只应用于布线系统的 D、E、F 级。布线系统永久链路或 CP 链路每一线对的最小等电平远端串音应符合表 7–13 的规定，信道关键频率的最小等电平远端串音建议值如表 7–14 所示。

表 7–13　　　　　永久链路或 CP 链路最小等电平远端串音

级别	频率/MHz	最小等电平远端串音/dB
D 级	$1 \leqslant f \leqslant 100$	$-20\lg\left[10^{\frac{63.8-20\lg(f)}{-20}} + n \times 10^{\frac{75.1-20\lg(f)}{-20}}\right]$
E 级	$1 \leqslant f \leqslant 250$	$-20\lg\left[10^{\frac{67.8-20\lg(f)}{-20}} + n \times 10^{\frac{83.1-20\lg(f)}{-20}}\right]$
F 级	$1 \leqslant f \leqslant 600$	$-20\lg\left[10^{\frac{94-20\lg(f)}{-20}} + n \times 10^{\frac{90-15\lg(f)}{-20}}\right]$

注：1. 对于不包含 CP 点的永久链路的测试或仅测试 CP 链路，$n=2$；对于包含 CP 点的永久链路的测试，$n=3$。
2. 与测量的远端串音值对应的最小等电平远端串音值若大于 70.0dB，则此表仅供参考。
3. D 级最小等电平远端串音计算值大于 60.0dB 时均按 60.0dB 考虑。
4. E 级、F 级最小等电平远端串音计算值大于 65.0dB 时均按 65.0dB 考虑。

表 7–14　　　　　信道关键频率的最小等电平远端串音建议值

频率/MHz	最小等电平远端串音建议值/dB		
	D 级	E 级	F 级
1	57.4	63.3	65.0
16	33.3	39.2	57.5
100	17.4	23.3	44.4
250	—	15.3	37.8
600	—	—	31.3

8. 等电平远端串音功率和（PS ELFEXT）

布线系统永久链路或 CP 链路每一线对的最小等电平远端串音功率和应符合表 7–15 的规定，永久链路关键频率的最小等电平远端串音功率和建议值如表 7–16 所示。

表 7-15　　　　　　　　永久链路或 CP 链路最小等电平远端串音功率和

级别	频率/MHz	最小等电平远端串音功率和/dB
D 级	$1\leqslant f\leqslant100$	$-20\lg\left[10^{\frac{60.8-20\lg(f)}{-20}}+n\times10^{\frac{72.1-20\lg(f)}{-20}}\right]$
E 级	$1\leqslant f\leqslant250$	$-20\lg\left[10^{\frac{64.8-20\lg(f)}{-20}}+n\times10^{\frac{80.1-20\lg(f)}{-20}}\right]$
F 级	$1\leqslant f\leqslant600$	$-20\lg\left[10^{\frac{91-20\lg(f)}{-20}}+n\times10^{\frac{87-15\lg(f)}{-20}}\right]$

注：1. 对于不包含 CP 点的永久链路的测试或仅测试 CP 链路，$n=2$；对于包含 CP 点的永久链路的测试，$n=3$。
　　2. 与测量的远端串音值对应的最小等电平远端串音功率和值若大于 70.0dB，则此表仅供参考。
　　3. D 级最小等电平远端串音功率和计算值大于 57.0dB 时均按 57.0dB 考虑。
　　4. E 级、F 级最小等电平远端串音功率和计算值大于 62.0dB 时均按 62.0dB 考虑。

表 7-16　　　　　　　永久链路关键频率的最小等电平远端串音功率和建议值

频率/MHz	最小等电平远端串音功率和建议值/dB		
	D 级	E 级	F 级
1	55.6	61.2	62.0
16	31.5	37.1	56.3
100	15.6	21.2	43.0
250	—	13.2	36.2
600	—	—	29.6

9. 直流（DC）环路电阻

布线系统永久链路或 CP 链路每一线对的最大直流环路电阻应符合表 7-17 的规定。

表 7-17　　　　　　　　永久链路或 CP 链路最大直流环路电阻

级别	最大直流环路电阻/Ω	最大直流环路电阻建议值/Ω
A 级	530	530
B 级	140	140
C 级	34	34
D 级	$(L/100)\times22+n\times0.4$	21
E 级	$(L/100)\times22+n\times0.4$	21
F 级	$(L/100)\times22+n\times0.4$	21

注：1. $L=L_{FC}+L_{CP}Y$。其中，L_{FC} 为固定电缆长度（m）；L_{CP} 为 CP 电缆长度（m）；Y 为 CP 电缆衰减（dB/m）与固定水平电缆衰减（dB/m）的比值。
　　2. 对于不包含 CP 点的永久链路的测试或仅测试 CP 链路，$n=2$；对于包含 CP 点的永久链路的测试，$n=3$。

10. 传播时延

布线系统永久链路或 CP 链路每一线对的最大传播时延应符合表 7-18 的规定，关键频率的最大传播时延建议值如表 7-19 所示。

表 7-18　　　　　　　　　　永久链路或 CP 链路最大传播时延

级别	频率/MHz	最大传播时延/μs
A 级	$f=0.1$	19.400
B 级	$0.1\leqslant f<1$	4.400
C 级	$1\leqslant f\leqslant 16$	
D 级	$1\leqslant f\leqslant 100$	$(L/100)\times(0.534+0.036/\sqrt{f})+n\times0.0025$
E 级	$1\leqslant f\leqslant 250$	
F 级	$1\leqslant f\leqslant 600$	

注：1. $L=L_{FC}+L_{CP}$。其中，L_{FC} 为固定电缆长度（m）；L_{CP} 为 CP 电缆长度（m）。

　　2. 对于不包含 CP 点的永久链路的测试或仅测试 CP 链路，$n=2$；对于包含 CP 点的永久链路的测试，$n=3$。

表 7-19　　　　　永久链路或 CP 链路关键频率的最大传播时延建议值

频率/MHz	最大传播时延建议值/μs					
	A 级	B 级	C 级	D 级	E 级	F 级
0.1	19.400	4.400	—	—	—	—
1	—	4.400	0.521	0.521	0.521	0.521
16	—	—	0.496	0.496	0.496	0.496
100	—	—	—	0.491	0.491	0.491
250	—	—	—	—	0.490	0.490
600	—	—	—	—	—	0.489

11. 传播时延偏差

布线系统永久链路或 CP 链路所有线对间的最大传播时延偏差应符合表 7-20 的规定。

表 7-20　　　　　　　　永久链路或 CP 链路最大传播时延偏差

级别	频率/MHz	最大传播时延偏差/μs	最大传播时延偏差建议值/μs
A 级	$f=0.1$	—	—
B 级	$0.1\leqslant f<1$	—	—
C 级	$1\leqslant f\leqslant 16$		
D 级	$1\leqslant f\leqslant 100$	$(L/100)\times0.045+n\times0.00125$	0.044
E 级	$1\leqslant f\leqslant 250$		
F 级	$1\leqslant f\leqslant 600$	$(L/100)\times0.025+n\times0.00125$	0.026

注：1. $L=L_{FC}+L_{CP}$。其中，L_{FC} 为固定电缆长度（m）；L_{CP} 为 CP 电缆长度（m）。

　　2. 对于不包含 CP 点的永久链路的测试或仅测试 CP 链路，$n=2$；对于包含 CP 点的永久链路的测试，$n=3$。

　　3. 0.044 为 $0.9\times0.045+3\times0.00125$ 计算结果。

　　4. 0.026 为 $0.9\times0.025+3\times0.00125$ 计算结果。

在测试过程中还需要注意以下几点：

① 测试环境。测试时应确保环境的温度、相对湿度等条件符合测试要求，以减少外部因素对测试结果的影响。

② 测试样本。应从布线系统中随机抽取一定数量的样本进行测试，以确保测试结果的代表性。

③ 测试记录。应详细记录测试过程中的各项数据和结果，以便后续的分析和处理。

任务三　综合布线测试与验收

学习任务

1. 用 DTX-1800 测试仪测试一条自己制作的永久链路并生成测试报告，如图 7-6 所示。

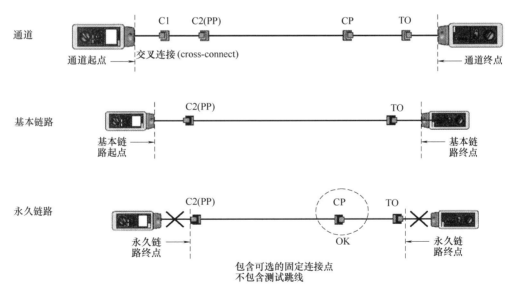

图 7-6　永久链路信道测试

2. 对本校宿舍楼的网络综合布线系统进行测试与验收，形成相关文档和表格。

一、测试准备

测试准备过程主要是选择符合要求的测试仪和其他相关工具。

1. 测试仪

使用测试仪时应重点注意以下内容：

① 选择测试仪。

② 校准测试仪。

③ 设置 NVP。

④ 设置测试仪的相关参数：时间、公司名、工程名、长度单位、温度、是否测屏蔽层等。

⑤ 选择测试标准和电缆类型：测试标准采用 5 类基本链路；电缆类型对于非屏蔽方案采用 UTP 100Ω，对于屏蔽方案采用 STP 100Ω。

⑥ 检查测试连线。

2. 其他工具

① 通信工具：对讲机。

② 线路故障处理工具：改锥、卡线工具、钩线器和剪线、剥线工具。

二、测试过程

1. 双绞线布线的测试

（1）连接正确性测试

在双绞线系统中，配线子系统正确的接线图要求端到端相应的针连接为 1 对 1、2 对 2、3 对 3、4 对 4、5 对 5、6 对 6、7 对 7、8 对 8。而对信息插座的连接，则是按几种标准实现的，即 4 对双绞线可按 TIA/EIA—568.A、TIA/EIA—568.B 等标准实现连接。

由于在实施过程中要分别对众多水平双绞线的两端实现终接，因此有可能造成终接的顺序不正确，同时也可能在终接时造成短路或开路。在穿线施工中，可能因为用力过大或不正确的穿线方法或被金属管/线槽边沿的锋刃将线缆全部或部分割断，从而造成线缆开路。

在配线子系统的施工中，常见的连接故障包括电缆标签错误、连接开路、双绞电缆接线图错误以及短路。测试时主要根据接线图来测试和确认链路的连通性，即确认链路导线的线对正确而且不能产生任何串绕。

测试结果要求：所有连接完好的信息点连接的正确性要保证100%，所有信息点无短路现象存在，即无短路信息点；所有信息点中，一对线开路的信息点所占的比例不超过5%；所有信息点中，两对线开路的信息点所占的比例不超过1%。

接线图未通过测试的可能原因如下：

① 两端的接头断路、短路、交叉、破裂开路。

② 跨接错误（某些网络需要发送端和接收端跨接，当为这些网络构筑测试链路时，由于设备线路的跨接，测试接线图会出现交叉）。

长度指标未通过测试的可能原因如下：

① NVP 设置不正确。

② 实际长度过长。

③ 开路或短路。

④ 设备连线及跨接线的总长度过长。

（2）衰减测试

测试对象：5 类联合测试。

测试条件：对 5 类线及相关产品实现从 1～100MHz 的测试，测试温度为 20～30℃；信息点到电信间距离不超过 90m。

测试仪器：可选用 Microtest 公司的 Penter Scanner。

测试方法：被测线路一端接仪器，另一端接回环接口（LoopBack），仪器的显示器上将显示测试结果或结论，一般显示通过或不通过。

测试结果要求：双绞线衰减值在不超过衰减限值的情况下，视为测试通过。对于链路长度的限制，如果线缆长度超过指标（如100m），则信号衰减较大。

对干线子系统中的多芯双绞线的衰减测试，其衰减值不超过表 7-21 所示结果的情况下，视为测试通过。

表 7-21 多芯双绞线衰减值

测试频率/MHz	衰减值/dB
0.512	5.6
1	7.6

测试频率/MHz	衰减值/dB
4	15.4
8	22.3
10	25
16	32

衰减指标未通过测试的可能原因如下：

① 线缆长度过长。

② 测试温度过高。

③ 连接点有问题。

④ 链路线缆和接插件性能有问题或不是同一类产品。

⑤ 线缆的端接质量有问题。

（3）近端串扰测试

测试对象：5 类联合测试。

测试条件：对 5 类线及相关产品实现从 1～100MHz 的测试，测试温度为 20～30℃；信息点到电信间距离不超过 90m。

测试结果要求：将结果显示在仪器上，一般显示通过或不通过。双绞线近端串音值不超过近端串音限值的情况下，视为测试通过。

对于干线子系统中的多芯双绞线的近端串扰测试，其近端串音值不超过表 7-22 所示结果的情况下，视为测试通过。注意，近端串音值为负数。

近端串扰未通过测试的可能原因如下：

① 近端连接点有问题。

② 远端连接点短路。

③ 串对。

④ 外部噪声。

⑤ 链路线缆和接插件性能有问题或不是同一类产品。

⑥ 线缆的端接质量有问题。

表 7-22　　　　　　　　　　　多芯双绞线近端串音值

测试频率/MHz	近端串音值/dB
5	≥-28.5
10	≥-24.0
100	≥-21.5

2. 光缆测试

光缆系统的施工涉及光缆的敷设、光缆的弯曲半径、光纤的熔接、跳线安装等过程，由于设计方法及物理布线结构的不同，会导致两网络设备间的光纤路径上光信号的传输衰减等指标发生变化，影响光信号的正常传输。因此，光信号的传输衰减指标是光缆测试的主要内容。

（1）光纤的连续性

进行连续性测量时，通常是把闪光灯发出的红色脉冲激光或者其他可见光注入光纤，并在光纤的末端监视光的输出。如果在光纤中有断裂或其他的不连续点，光纤输出端的光功率就会减少或者根本没有光输出。光通过光纤传输后，功率的衰减大小也能表示出光纤的传导性能。如果光纤的衰减太大，则系统也不能正常工作。光功率计和光源是进行光纤传输特性测量的一般设备。

（2）光纤的衰减

光纤的衰减主要是由光纤本身的固有吸收和散射造成的。衰减系数应在许多波长上进行测量，因此选择单色仪作为光源，也可以用发光二极管作为多模光纤的测试源。

（3）光纤的带宽

光纤的带宽是光纤传输系统中的重要参数之一，带宽越宽，信息传输速率就越高。在大多数的多模系统中，都采用发光二极管作为光源，光源本身也会影响带宽。这是因为这些发光二极管光源的频谱分布很宽，其中长波长的光比短波长的光传播速度要快。这种光传播速度的差别就是色散，它会导致光脉冲在传输后被展宽。

根据标准规定和设计方法，应充分保证任意两段已终接好的光缆中的光纤连同跳线与连接线一起，总的衰减应在 10dB（对于 850nm 光波）或 9dB（对于 1300nm 光波）之内。

测试条件：熔接后的光缆连同跳线的综合测试；被测光纤规格为 62.5μm/125μm 多模光纤。

测试波长：1300nm 和 850nm。

测试结果要求：对任一端熔接好的光纤数据通路，其衰减值应符合限制要求，以确保任意两段光纤连起来后总的衰减值小于 9dB（1300nm）或 10dB（850nm）。

① 对于波长 1300nm，衰减值≤4dB。

② 对于波长 850nm，衰减值≤4.5dB。

（4）收发功率

收发功率测试是测定布线系统光纤链路损耗的有效方法，通常使用光功率计和一段光纤跳线进行测试。

测试时，在发送端将待测试的光纤取下，用跳接线替代，跳接线的一端为原来的发送器，另一端连上光功率计，启动光发送器，在光功率计上测得发送端的光功率值。在接收端用跳接线取代原来的跳线，并连上光功率计，发送端接上待测试的光纤，启动光发送器，在光功率计上测得接收端的光功率值。发送端与接收端的光功率值之差就是该光纤链路产生的损耗。

（5）反射损耗

反射损耗测试用来判定光纤故障位置，通常使用光纤时间区域反射仪（OTDR）进行测试。其基本原理是利用导入光与反射光的时间差来测定距离，从而准确地测出光纤长度或判定故障位置。

3. 大对数电缆测试

大对数电缆用于综合布线系统的语音主干线，测试时一般有整体测试与分组测试两种测试方法。

（1）整体测试

以 25 对线为例，采用大对线测试仪在无源电缆上对 25 对线一次完成测试。该过程可同时测试 25 对线的连续性、短路、开路、交叉，以及有故障的终端、外来电磁干扰和接地中出现的问题。

（2）分组测试

采用双绞线测试仪分组进行测试。

4. 故障处理

应安排专人处理故障。当测试者发现测试失败的线路后，应移交给故障处理者，测试者则继续测试其他线路。所有出现故障的线路应在其他线路测试完毕后进行重测，直到测试通过。对于无法排除的故障，应及时向相关责任部门报告。

三、测试报告及测试记录

1. 测试报告的必要性

文档资料是布线工程验收的重要组成部分。完整的文档包括电缆的标号、信息插座的标号、配线间水平电缆与垂直电缆的跳接关系、配线架与交换机端口的对应关系。应建立这些资料的电子文档，便于以后的维护管理。

测试综合布线系统时，要认真详细地记录测试结果，故障、参数等都要一一记录下来。测试完成后，参与测试的人员应在上述记录上签字，以便于存档、维护和验收。本着质量过硬、信誉第一的原则，在第三方的验收测试工作之前，可先期派出工程质量监督小组进行全面测试。

线缆测试完毕，施工方提供包含如下内容的测试报告：测试组人员姓名，测试仪表型号（制造厂商、生产系列号码），生产日期，光源波长（仅对多模光纤系统），光纤光缆的型号、厂商、终端（尾端）地点名、测试方向、相关功率测试得出的网段光衰减值及合格值的大小等。

2. 测试报告格式

测试负责人和工程负责人应完成测试报告中所有任务才能完成某工程的测试，每完成一项在括号中打钩。

测试报告格式如下：

（1）工程名称

工程负责人：　　　　工程 ID：

（2）测试仪

品牌：　　　　型号：

主机序列号：　　　　远端序列号：

（3）测试人员

持主机者：　　　　持远端者：

排除故障者：

（4）测试时间

年　　月　　日　—　　月　　日

（5）测试数据处理

测试结果已传入计算机保存。

文件名	日期	时间	大小	传入人签名

（6）测试结果汇总

结果	数量	百分比
PASS		
FAIL		

（7）特别故障记录

信息点	故障描述	处理方法

电缆系统电气性能测试项目应根据布线信道或链路的设计等级和布线系统的类别要求确定。各项测试结果应有详细记录，作为竣工资料的一部分。测试记录的内容和形式参考表 7-23 和表 7-24 的要求。

表 7-23　　　　综合布线系统工程电缆（链路/信道）性能指标测试记录

序号	编号			内容						备注
				电缆系统						
	地址号	线缆号	设备号	接线图	长度	衰减	近端串音	屏蔽层的导通	其他项目	

工程项目名称

测试日期、人员及测试仪表型号、测试仪表精度

处理情况

表 7-24　　　　综合布线系统工程光纤（链路/信道）性能指标测试记录

序号	编号			光缆系统								备注
				多模				单模				
				850nm		1300nm		1310nm		1550nm		
	地址号	线缆号	设备号	衰减	长度	衰减	长度	衰减	长度	衰减	长度	

工程项目名称

测试日期、人员及测试仪表型号、测试仪表精度

处理情况

3. 测试报告实例

表 7-25 所示为某职业学院网络信息中心综合布线工程中一段水平双绞电缆的认证测试（部分）记录表。

表 7-25　　　　　　　　　　UTP 线缆认证测试记录表

测试内容	数据结果			
线对	1,2	3,6	4,5	7,8
特性阻抗/Ω,极限值 80~120	107	105	104	106
长度/m,极限值 160	29.6	29.8	30.1	30.2
传播时延/ns,极限值 1000	115	116	117	119
传播时延偏差/ns,极限值 50	2	2	2	0
直流环路电阻/Ω,极限值 40.0	4.1	4.1	4.2	4.3
衰减/dB	2.5	2.4	2.6	2.7
极限值/dB	14.0	14.0	14.0	14.0
余量/dB	11.5	11.6	11.4	11.3
频率/MHz	16.0	16.0	16.0	16.0
回波损耗/dB	25.3	25.2	29.0	30.0
极限值/dB	18.0	18.0	18.0	18.0
余量/dB	−7.3	−7.2	−11	−12
频率/MHz	6.8	6.2	9.8	10

线对	1,2-3,6	1,2-4,5	1,2-7,8	3,6-4,5	3,6-7,8	4,7-7,8
近端串音/dB	68.5	64.3	61.2	60.1	66.2	58.0
极限值/dB	27.8	27.8	22.8	20.2	28.1	21.2
余量/dB	−40.7	−36.5	−38.4	−39.9	−38.1	−36.8
频率/MHz	5.2	5.2	10.7	14.5	5.0	13.1

四、工程验收

验收是用户对网络工程施工工作的认可，在验收过程中应检查工程施工是否符合设计要求和有关施工规范。验收的依据是《综合布线系统工程验收规范》（GB/T 50312—

2016）、《通信线路工程验收规范》（GB 51171—2016）和《通信管道工程施工及验收技术规范》（YD 5103—2003）中的相关规定。验收工作分两部分进行，第一部分是物理验收，第二部分是文档验收。

1. 物理验收

物理验收是指对整个施工现场的验收。在对竣工的工程验收时，应按设计文件及合同规定的内容进行。物理验收不仅要从表面看网络是否通畅，还要进行各种物理的和工艺的测试。参与验收的人员应组成一个验收小组，成员包括工程双方单位的行政负责人、项目主管、主要工程项目监理人员、建筑设计施工单位的相关技术人员及第三方验收机构人员。验收的内容包括：环境检查、器材检查、设备安装检查、线缆的敷设与保护方式检查、线缆终接检查、工程电气测试，涉及布线的各个子系统。

（1）工作区子系统验收

工作区子系统验收的重点包括：

① 线槽走向、布线是否美观大方，是否符合规范。

② 信息插座是否按规范进行安装。

③ 信息插座安装是否做到一样高、平、牢固。

④ 信息面板是否固定稳靠。

（2）配线子系统验收

配线子系统验收的重点包括：

① 槽安装是否符合规范。

② 槽与槽、槽与槽盖是否接合良好。

③ 托架、吊杆是否安装牢固。

④ 配线子系统与干线子系统、工作区子系统交接处是否出现裸线，是否符合规范。

⑤ 配线子系统槽内的线缆是否固定。

（3）其他子系统验收

干线子系统的验收要重点检查楼层与楼层之间的洞口是否封闭，线缆是否按间隔要求固定，拐弯线缆是否留有弧度。管理间与设备间子系统的验收主要检查设备安装是否规范整洁。

在综合布线工程施工过程中，应将检查验收工作贯穿始终，从而保证能够及时发现不合格的项目，尽快查明原因，分清责任，提出解决方法，避免造成严重的损失。整个综合布线系统工程验收的项目、内容及方式如表 7-26 所示。

表 7-26　　　　　　　　综合布线系统工程验收的项目、内容及方式

阶段	验收项目	验收内容	验收方式
一、施工前	1. 环境要求	(1)土建施工情况:地面、墙面、门、电源插座及接地装置 (2)土建工艺:机房面积、预留孔洞 (3)施工电源 (4)地板铺设	施工前检查
	2. 器材检验	(1)外观 (2)型号、规格、数量 (3)电缆电气性能 (4)光纤特性	施工前检查
	3. 安全防火要求	(1)消防器材 (2)危险物的堆放 (3)预留孔洞的防火措施	施工前检查
二、设备安装	1. 管理间、设备间、设备机柜和机架	(1)规格、外观 (2)安装垂直、水平度 (3)油漆不得脱落 (4)各种螺钉必须紧固 (5)抗震加固措施 (6)接地措施	随工检验
	2. 配线部件、8 位模块式通用插座	(1)规格、位置、质量 (2)各种螺钉必须拧紧 (3)标志齐全 (4)安装符合工艺要求 (5)屏蔽层可靠连接	随工检验
三、电缆、光缆布放(楼内)	1. 电缆桥架及线槽布放	(1)安装位置正确 (2)安装符合工艺要求 (3)符合布放线缆工艺要求 (4)接地	随工检验
	2. 线缆暗敷(包括暗管、线槽、地板等方式)	(1)线缆规格、路由、位置 (2)符合布放线缆工艺要求 (3)接地	隐蔽工程签证
四、电缆、光缆布放(楼间)	1. 架空线缆	(1)吊线规格、架设位置、装设规格 (2)吊线垂度 (3)线缆规格 (4)卡、挂间隔 (5)线缆的引入符合工艺要求	随工检验
	2. 管道线缆	(1)使用管孔的孔位 (2)线缆规格 (3)线缆走向 (4)线缆防护设施的设置质量	隐蔽工程签证

阶段	验收项目	验收内容	验收方式
四、电缆、光缆布放(楼间)	3. 埋式线缆	(1)线缆规格 (2)敷设位置、深度 (3)线缆防护设施的设置质量 (4)回土夯实质量	隐蔽工程签证
	4. 隧道线缆	(1)线缆规格 (2)安装位置、路由 (3)土建设计符合工艺要求	隐蔽工程签证
	5. 其他	(1)通信线路与其他设施的距离 (2)进线室安装、施工的质量	随工检验或隐蔽工程签证
五、线缆终接	1. 8位模块式通用插座	符合工艺要求	随工检验
	2. 光纤连接器件	符合工艺要求	
	3. 各类跳线	符合工艺要求	
	4. 配线模块	符合工艺要求	
六、系统测试	1. 工程电气性能测试	(1)连接图 (2)长度 (3)衰减 (4)近端串音 (5)近端串音功率和 (6)衰减串音比 (7)衰减串音比功率和 (8)等电平远端串音 (9)等电平远端串音功率和 (10)回波损耗 (11)传播时延 (12)传播时延偏差 (13)插入损耗 (14)直流环路电阻 (15)设计中特殊规定的测试内容 (16)屏蔽层的导通	竣工检验
	2. 光纤特性测试	(1)衰减 (2)长度	竣工检验
七、工程总验收	1. 竣工技术文件	清点、交接各种网络、布线的设计与技术文档	竣工检验
	2. 工程验收评价	考核工程质量,确认验收结果	

注:1. 隐蔽工程签证是指对各种线缆敷设采用预埋槽道和暗管系统方式进行的验收。

2. 系统测试中电气性能测试仪按二级精度进行,验证测试内容可进行随工检验。

3. 随工检验和隐蔽工程签证的详细记录,可作为工程验收时的原始资料使用。

4. 系统接地要求小于4Ω。

2. 文档验收

文档验收是指按协议或合同规定的要求检查、清点和接收施工方交付的各种设计和技术文档。综合布线系统工程的竣工技术资料文件要保证质量，做到外观整洁、内容齐全、数据准确，主要包括以下内容：

① 综合布线系统工程的主要安装工程量，如主干布线的线缆规格和长度、装设楼层配线架的规格和数量等。

② 在安装施工中，一些重要部位或关键段落的施工说明，如建筑群配线架和建筑物配线架合用时，它们连接端子的分区和容量等。

③ 设备、机架和主要部件的数量明细表，即将整个工程中所用的设备、机架和主要部件分别统计，清晰地列出其型号、规格、程式和数量。

④ 当对施工棚有少量修改时，可利用原工程设计图更改补充，无须再重绘竣工图纸。但在施工中改动较大时，则应另绘竣工图纸。

⑤ 综合布线系统工程中各项技术指标和技术要求的测试记录，如线缆的主要电气性能、光缆的光学传输特性等测试数据。

⑥ 直埋电缆或地下电缆管道等隐蔽工程经工程监理人员认可的签证，以及设备安装和线缆敷设工序告一段落时，经常驻工地代表或工程监理人员随工检验后的证明等原始记录。

⑦ 综合布线系统工程中如采用计算机辅助设计，应提供程序设计说明和有关数据，以及操作说明、用户手册等文件资料。

⑧ 在施工过程中，由于各种客观因素，部分变更或修改原有设计或采取相关技术措施时，应提供建设、设计和施工等单位之间对于这些变动情况的协商记录，以及在施工中的检查记录等基础资料。

⑨ 网络文档，包括网络结构文档、网络布线文档、网络系统文档。

网络结构文档主要包括网络逻辑拓扑结构图；网段关联图；网络设备配置图；IP 地址分配表。

网络布线文档主要包括网络布线逻辑图；网络布线工程图（物理图）；测试报告（提供每一节点的接线图，长度、衰减、近端串扰和光纤测试数据）；配线架与信息插座对照表；配线架与集线器/交换机接口对照表；集线器/交换机与设备间的连接表；光纤配线表。

网络系统文档主要包括服务器文档，包括服务器硬件文档和服务器软件文档；网络设备文档，网络设备是指工作站、服务器、中继器、集线器、路由器、交换机、网桥、网卡等；网络应用软件文档；用户使用权限表。

当验收通过后，就可以执行鉴定程序，由甲方组织的专家组对整个工程做出评价。

工程验收测试工作由施工方、监理方、用户方三方一起进行，根据检查出的问题可以立即制定整改措施。如果验收检查符合施工合同要求，即可提出下一步竣工验收的时间。

 **知识拓展**

要保证布线工程测试结果的权威性，就必须选择合适的测试仪。一般要求测试仪同时具有认证和故障查找能力，在保证测定布线通过各项标准测试的基础上，能够快速准确地进行故障定位。

一、光纤测试仪

1. 功能

光纤测试仪用于对光纤或光纤传输系统进行测试，其基本测试内容包括连续性和衰减/损耗，光纤输入和输出功率，分析光纤的衰减/损耗，确定光纤连续性和发生光损耗的部位等。

2. 参数规格

① 测试功能：验证测试和认证测试。

② 测量精度：TSB 67 标准二级精度。

③ 测试输出方式：屏幕显示和打印。

④ 测试光纤种类：单模、多模、室内和室外。

3. 光纤测试设备

常见的光纤测试设备主要有闪光灯、光功率计、光纤测试光源、光损耗测试仪、光纤时间区域反射仪等。

闪光灯是最简单的光纤测试设备，可用于对配线盘上的每根光纤进行快速连通性检测。光功率计用于测量光缆的出纤光功率，可以测量传输信号的损耗和衰减。光纤测试光源与光功率计配套使用，用于产生稳定的光脉冲。光损耗测试仪主要用于测试单模光缆和多模光缆、光纤跳线、连接器和耦合器的光损耗。光纤时间区域反射仪是复杂的光纤测试设备，它根据光的后向散射与菲涅尔反射原理制作，利用光在光纤中传播时产生的后向散射光获取衰减的信息，可用于测量光纤衰减、接头损耗、光纤故障点定位以及了解光纤沿长度的损耗分布情况等，是光缆施工、维护及监测中必不可少的工具。

二、网络测试仪

1. 功能

网络测试仪用于计算机网络的安装调试、网络监测、维护和故障诊断。网络测试仪能够迅速准确地进行网络利用率、碰撞率等有关参数的统计，进行网络协议分析，路由分析流量测试以及电缆、网卡、集线器、网桥、路由器等网络设备的故障诊断，并具有存储和打印有关参数的功能。

2. 参数规格

① 测试功能：网络监测和故障诊断。

② 测试输出方式：屏幕显示和打印。

③ 测试网络类型：以太网、令牌网等。

参 考 文 献

［1］ 中华人民共和国住房和城乡建设部. 综合布线系统工程设计规范：GB 50311—2016 ［S］. 北京：中国计划出版社，2017.

［2］ 中华人民共和国住房和城乡建设部. 综合布线系统工程验收规范：GB/T 50312—2016 ［S］. 北京：中国计划出版社，2017.

［3］ 中华人民共和国住房和城乡建设部. 建筑设计防火规范（2018 年版）：GB 50016—2014 ［S］. 北京：中国计划出版社，2018.

［4］ 余明辉. 综合布线技术与工程 ［M］. 3 版. 北京：高等教育出版社，2021.

［5］ 王公儒. 综合布线工程实用技术 ［M］. 3 版. 北京：中国铁道出版社，2021.